青少年自我管理"胜"经系列

汤晨龙/编著

管理好安全
让危险时刻远离自己

优等生自我管理指南 青少年健康成长旗帜

★ 这是一套"让父母放心、让老师省心、让学生称心"的书！

★ 刮起千百万青少年学生自我负责、自我管理"风暴"！

★ 这是中国第一套以青少年为视角讲述自我负责、自我管理的探索读本。

大地传媒

中原出版传媒集团

中原农民出版社

·郑州·

图书在版编目（CIP）数据

管理好安全：让危险时刻远离自己/汤晨龙编著 . —郑州：
中原农民出版社，2014.10

（青少年自我管理"胜"经系列）

ISBN 978 - 7 - 5542 - 0831 - 1

Ⅰ.①管…　Ⅱ.①汤…　Ⅲ.①安全教育 - 青少年读物
Ⅳ.①X956 - 49

中国版本图书馆 CIP 数据核字（2014）第 205460 号

出 版 人　刘宏伟
总 策 划　汪大凯
责任编辑　肖攀锋
责任校对　钟　远
封面设计　法思特设计

出版：中原农民出版社
　　　（地址：郑州市经五路 66 号　电话：0371 - 65751257
　　　邮政编码：450002）
发行：全国新华书店
承印：三河市燕春印务有限公司
开本：690mm × 1092mm　　　　　1/16
印张：13
字数：200 千字
版次：2014 年 10 月第 1 版　　　印次：2014 年 10 月第 1 次印刷
书号：ISBN 978 - 7 - 5542 - 0831 - 1　　定价：29. 80 元

前 言 Foreword

　　人最宝贵的东西是什么？是生命。生命，对每个人来说，只有一次。据报道，全国每年有数以万计的青少年非正常死亡。

　　救助专家指出，如果采取预防措施或懂得应急救护，这其中约有80%的人可以免遭罹难。

　　80%，意味着数万条鲜活的生命！

　　灾难总是突如其来。在人类面临死亡威胁的诸多因素当中，突发性灾难死亡排在前五位之内。掌握一定的应对意外灾难的基本知识和技巧，无疑是青少年最应具备的本领之一，也是联合国提倡的"学会生存"的需要。

　　据调查，意外事件对人造成的伤害性死亡，大致有以下几种情况：伤害导致即刻死亡，即被害人还没弄明白怎么回事时，即已遭受致命的打击；更多的人只是处在伤势危及生命的状态，因无自救或他救条件而最终导致死亡；或者是尚未遭受伤害，只是未能及时采取逃离行为，由于再次遭受严重伤害而致伤亡。

　　如果加强有效的安全救助科普教育，完善安全措施与管理体制，灾难就不会吞噬那么多的生命。

　　人在遭遇突发事件时，若能保持良好的心理状态，及时采取自救行为或逃离现场，常能获救，或避免死亡。

生命系于千钧一发，我们必须学会自救。愿我们掌握更多的急救、自救方法，让脆弱的生命坚强起来。

　　愿广大青少年认真细读，自觉实践，把非正常死亡率降低到最低限度，使每一个青少年都安全地、愉快地、幸福地度过有意义、有价值的一生！

　　感受生命，珍爱生命，让生命之花盛放吧！愿本书中的安全管理技巧，能为您带来平安的一生。

目 录 Contents

第八章　灾害避险——自然灾害常见避险知识

第一章　警钟长鸣——谨防校园中的安全隐患

生命只有一次，灾难却有无数。面对死亡的威胁，你能做的仅仅是祷告吗？总有一些伤害突如其来，总有一些意外防不胜防。美丽的校园使我们的生活充满欢乐，丰富多彩。但我们也看到，在我们身边已经出现了越来越多的不和谐现象，暴力、性侵害、语言伤害、网络陷阱、毒品等，正越来越让我们失去抵抗力。

最近几年，校园案件一个接一个地发生，每一个都让我们震惊。这说明，增强自我保护意识和能力，已经成为一门必修课。

校园暴力下的自我保护

最近几年，校园暴力案件不断发生，频繁见诸报端。每一个都让人触目惊心，人们把目光投向校园，不断地责问：校园暴力，你何时能了？

1. 被敲诈

（1）上学、放学时，我们应与同学结伴而行，身上不要带太多的钱，不要携带贵重物品，即使携带了，也不要随意显露。

（2）遭到坏人敲诈时，及时报警，并记住坏人的身份特征和其他一些突

结伴而行

出特征，以利于公安机关迅速破案。

（3）平时在校园里给他人留有自大、孤独或好欺负印象的同学，最容易受到敲诈。所以我们平常要注意自己的言行举止，以免成为坏人敲诈的目标。

2. 遭到殴打

（1）看见有人成群结队且不怀好意，要远离他们。不得不从他们身边经过时，要快速走过，不要东张西望，也不要慢慢悠悠。有陌生人叫你，最好叫上同伴一起过去，互相有个照应。发生问题及时向家长或老师反映。

（2）如果遭到殴打，要设法与老师或家长取得联系，以便尽快得到帮助。

（3）及时治疗。如果伤势严重，应首先到医院接受治疗，控制住伤势再处理其他事情。

（4）情况严重的，要及时报案，说清出事的时间、地点、打人者的特征。

另外，到医院治疗时要妥善保管好医院单据和诊断书，以备后用。

3. 暴力体罚型老师

暴力体罚型老师一般有如下特点：偏激、口才差、消极、好胜心强、缺乏安全感。知道了这些特点，我们就可以对症下药，想办法来保护自己了。

（1）冷静。尽量把激怒他的话题转到对他的尊敬上，避免与其发生正面冲突，自保为上。

（2）哭，大哭。在他还没动手之前就开哭。突然的变化会转移他的注意力，使他冷静下来。

（3）说些跑题的话。提及教室设施或其他一些问题，分散他的注意力。当然最好的方法是不说可能激怒他的话，能拖一时算一时。

（4）在他情绪失控、就要伤害到你时，要尽量理智，不要害怕。如有可能，适当提及他的家庭、孩子，以缓解紧张气氛。

（5）还有一些可能用得上的荒唐方法，如装疯卖傻，声东击西，虚晃一招，等等。

（6）跑。在他就要动手时快速跑出教室，不要停在教室门口，要一直跑到他看不到你的地方，估计他的怒气消了再回去。

（7）用法律保护自己。告诉他老师打学生违反了《教师法》，学生有权告他。

自我管理箴言

当青少年面临以上这些问题时，一定要向老师或者学校领导反映，以免给自己的心灵带来伤害。

校园活动，谨防意外伤害

学校是青少年的乐园，青少年的大部分时间都是在校园中度过的，所以青少年一定要提高校园安全防范意识，掌握一些必要的自我保护本领。

青少年的校园活动可谓丰富多彩，上课、讨论、做操、劳动、做实验等，同学们既从中获得了知识，又锻炼了体能和才能。参加各项活动要遵守学校的规定、要注意安全，否则就有可能发生以下一些意外伤害事故：

1. 摔伤

常见的有从桌椅上或从楼梯上跌落引起的摔伤。同学们布置教室、张贴板报、擦洗窗户等，通常要站在桌椅上完成。如果桌椅摆放不平稳，或是上下桌椅不小心，就容易摔伤。急着上下楼而一脚踩空或绊倒，也是学生摔伤的一大原因。

校园活动，谨防意外伤害

2. 砸伤

在运动场上，被砸伤的事件是比较经常发生的。有时候，同学之间开玩笑，相互掷书包、石子，也容易引起砸伤。

3. 撞伤

主要是指上下课时或运动场上，相互奔跑的双方互撞引起撞伤，或是急速奔跑的一方撞倒站着或走着的另一方。由于奔跑的一方处于剧烈运动的状态，力量比较大，由此引起的撞伤通常也比较严重。

4. 挤伤

最常见的情形是开关门时挤伤手臂或手指。人多相拥入门或相拥在狭窄的空间时，也容易发生挤伤皮肤或其他部位的事故。

青少年的校园活动中，只要多多注意行为安全和避让他人，就能有效地防止上述意外事故的发生。

同学之间，朝夕相伴，在紧张繁忙的学习之余，总免不了开开玩笑、打打闹闹，以放松一下课间紧张的身心。俗话说"乐极生悲"，玩笑开过了头，嬉闹不注意分寸，就有可能引发意外事故。像下面所说的几种玩闹，都是具有一定危险性的：

1. 卡脖子

一些青少年，尤其是男孩子在一起时，喜欢玩一种类似"斗鸡"的游戏。即双方叉开腿站着，双手前伸抓住对方肩膀或脖子，用力往前顶。掌握不好，就有可能摔倒，甚至抓伤对方脖子。

2. 下马绊

这是男孩子们喜欢的游戏。打闹的双方互相用脚去勾对方的腿，使其摔倒。但若摔重了，很容易伤着尾骨或后脑部。还有一些学生突然伸腿去绊正在走路或奔跑的同学，如若摔倒，很容易磕坏门牙和下颌。

3. 抽空椅子

有些人喜欢玩此游戏，以同学摔倒时的窘相为乐。殊不知，教室里布满桌椅，摔倒者容易磕在硬物硬角上造成严重伤害。

自我管理箴言

　　同学之间在一起嬉戏本是一种亲昵的表现，只有本着尊重他人、安全第一的原则，不做过激的行为，不拿同学的短处开玩笑，才能平安愉快地过好校园生活。同学之间玩耍、嬉闹时，一定要注意场合，要注意对象，更要掌握分寸，否则就可能产生不良后果。

 # 预防校园踩踏事故的发生

　　近几年来，校园踩踏事故接连不断地发生，而一旦发生，就会造成不少学生的伤亡，让人痛心。踩踏事故已经成为校园安全的重点防御对象，已经引起国家、社会、学校和家庭的高度重视。

　　总之，校园踩踏事故屡屡发生，已经成为校园安全不可回避的话题。

　　在校园生活中，校园踩踏事故时有发生，每一次事故，都令人感到无比心痛，那么，当校园踩踏事故发生在我们身边时，我们每个人应该如何做才能避免踩踏事故呢？

　　（1）放学后或下晚自习后不要急于抢道下楼，牢记安全第一。

　　（2）上下楼时，尽量靠一边走，保持安静，不在楼梯上追逐、打闹。举止要文明，人多的时候不

有序上下楼梯

故意推搡、不起哄，不制造紧张或恐慌气氛。注意脚下的台阶，如果要系鞋带，可以到楼梯拐角处，不要不管不顾。

（3）上下楼人较多时，看好脚下的台阶，当行至狭窄地段、光线不足的地方时，不要着急，应排队缓行。

（4）如果楼梯内人群比较拥挤，可以等几分钟再走，不急于一时，要尽量靠右边走，手扶楼梯把手缓慢上行或下行。

（5）尽量顺着人流走，切不可逆着人流上下楼梯，不然很容易被人流推倒。

（6）当人群出现混乱、骚动时，要保持冷静，不要慌乱，更不要乱跑。记住学校老师教你的疏散演习，并按照演习去做。

另外，当发生踩踏事故时，我们可采取以下措施：

（1）当出现人群拥挤、混乱不堪的情况时，一定要保持镇定，克服紧张心理，可以快速躲在楼道角落，暂时躲避。

（2）服从老师的指挥，可以协助老师疏导人群，积极、冷静地维持秩序。

（3）当出现拥挤时，要快速伸出双手，随时准备应对紧急情况，而不要把双手插在口袋里。

（4）发现拥挤的人群向自己行走的方向拥过来时，应立即闪到一旁，不要慌乱，不要乱跑，避免摔倒。

（5）不幸陷入拥挤的人群时，一定要努力使自己站稳，防止身体倾斜失去重心。想方设法紧紧抓住楼梯把手，防止摔倒。即使鞋带松开，鞋子被踩掉，也千万不能弯腰去系鞋带或提鞋，一定要谨记，生命永远是第一位的。

（6）在拥挤的人群中动弹不得时，用一只手紧握另一只手的腕部，手肘撑开，端放于胸前，微微向前弓腰，形成一定空间，以保持呼吸通畅。

（7）一旦被人挤倒在地，努力使身体蜷缩成球状，侧身屈腿，双手紧扣抱住头部，保护好头、颈、胸、腹部，尽量靠近墙角。

自我管理箴言

虽然多方面强调预防踩踏事故，但事故仍频频发生。触目惊心的画面，撕心裂肺的哭喊，应当给大家一个血的教训。所以，学习一定的避险知识是很必要的。

 # 体育活动避免意外伤害

体育活动已逐渐成为现代人生活的一部分，尤其是青少年，对体育活动更是钟爱。体育活动给青少年带来了一番新的天地。那么，参加体育活动时青少年应该注意什么？又该如何避免意外伤害的发生呢？

为了避免体育课上发生意外伤害，每一个同学都要明确保护自己的各项规范。其实，体育课的目标原本是为了增强学生的体质，提高运动技能，培养合作、勇敢、乐观的精神，但是，要实现这些目标必须有一个重要的基础，这就是对自我发展的设计与控制。只有将体育课当成是自我发展的需要，才能学会有意识地控制自己的情绪和身体，才能实现上述目标。如果只是将体育课看成是随便玩玩，那么很多风险就会隐藏其中。怎样才能在体育课上达到锻炼身体、开心又安全的目标呢？

首先，要求尽可能穿运动服和运动鞋上课。因为运动服比较宽松，运动鞋轻便又能在运动时起到缓冲作用，能避免脚和腿受伤。当然，如果没有运动衣可以穿宽松一些的衣服，没有运动鞋可以穿布鞋。不过，布鞋要合脚，不要太紧，也不要太松。上体育课严禁穿皮鞋、凉鞋。

其次，身上不能带小刀、钥匙、铅笔、钢笔等锋利硬物，不要佩戴胸针

体育课上，谨防意外伤害

等饰品，不要留长指甲。女生最好留短发，如果留长发最好把辫子梳起来。近视的同学尽量不要戴眼镜，特别是玻璃镜片容易伤害自己，如果必须戴，做运动时要倍加小心。

再次，上课要听指挥、遵守纪律，认真听取老师的讲解，特别要注意各种活动的规范。严禁嬉戏打闹、任性蛮干、动作粗野，也严禁违反运动规则的行为。当然更不能不按老师要求只按自己的喜好去活动。未经老师批准，上课期间不能随意进行其他运动项目，更不能擅自离场。不得在不宜进行某项活动的地方活动，比如在篮球场踢足球等。

最后，特殊情况不宜运动时要向老师申请，提出不参加体育训练。学生有义务将身体状况如实报告老师，不能上体育课的学生，家长必须在第一时间告知学校。

万一在体育课上出现意外受伤该怎么办呢？首先要做出理性的判断，通过观察伤口和询问受伤者，判断是否只是一般小损伤，比如只是擦破了一点儿皮，送到学校医务室医治就行。如果是扭伤要先休息，也可以用冷水冲洗或冷毛巾敷上，以便消肿，切不可用热水泡或热毛巾敷，也不能揉搓。

严重伤害需要及时通知老师或学校医务室的医生，如果老师和医生不在，要尽可能通知校长或者拨打120急救。这里特别要注意的是骨折，如果疼痛、不能动、淤血，或者已经畸形，就要按照骨折处理，尽一切可能保持原有姿势，等待医生到来。

自我管理箴言

体育运动能增强体质，娱乐身心，是我们生活中不可缺少的内容。参加体育运动一定要遵循运动本身的规律，才能达到锻炼、娱乐的效果。违背了这些规律不但达不到锻炼效果，可能还会出现安全问题或者严重的事故。所以同学们在参加体育运动时一定要注意安全。

 ## 如何处理体育活动中的 "崴脚"

下面就告诉青少年，如何正确处理崴脚。

1. 首先要分清伤势轻重

轻度崴脚只是软组织的损伤，稍重的就可能是外踝或者第五跖骨基底骨折，再重的还可能是内、外踝的双踝骨折，甚至造成三踝骨折。轻度崴脚可以自己进行处理，如果伤势较重，就必须到医院接受医生的诊断和治疗。因此，青少年崴脚后，要先分辨伤势的轻重，这对后期治疗有很大的帮助。

一般来说，如果自己活动足踝时不是剧烈疼痛，还可以勉强持重站立，勉强走路，疼的地方不是在骨头上而是在筋肉上的话，大多是轻度崴伤，可以自己进行治疗。如果活动足踝时有剧痛，不能持重站立和挪步，疼的地方在骨头上，或崴脚时，能感觉脚里面有声音发出，并且伤后迅速出现肿胀、疼痛现象，尤其是疼痛点在外踝或外脚面中间高突的骨头上，这就是严重崴伤的表现，这时应马上到医院接受治疗。

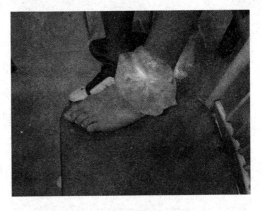

强度崴伤，不宜自己进行治疗

2. 正确使用热敷和冷敷

热敷和冷敷虽然都是物理疗法，但效果却截然不同。血得热而活，得寒则凝。所以，当破裂的血管仍然出血时就要进行冷敷，以控制伤势发展。待出血停止后才能采用热敷，以消除伤处周围的淤血。

细心的青少年可能会问，怎么才能知道出血是否已经停止呢？原则上是以伤后 24 小时为界限，此外，还可以参考以下几点：一是疼痛和肿胀趋于稳定，不再继续加重；二是抬高和放低患脚时胀的感觉差别不大；三是伤处皮肤的温度由略微高于正常部分，变成几乎差不多，这些都可作为出血停止的依据。

3. 正确按揉

在出血停止前，可以在血肿处做持续的按揉，方法是用手掌大鱼际按在局部，压力以虽疼尚能忍受为宜。持续按压 2～3 分钟再缓缓松开，稍停片刻然后重复操作。每重复 5 次为一阶段，每天做 3～4 个阶段较为合适。出血停止之后再进行揉捏，用手掌大鱼际或拇指指腹对局部施加一定压力并揉动，方向是以肿胀明显处为中心，离心性地向周围各个方向按揉，每次做 2～3 分钟，每天做 3～5 次。

4. 合理用药

出血停止以前，最好不用内服或外敷活血药物，可用"好得快"喷洒在伤处。出血停止以后，则可用外敷五虎丹，内服跌打丸、活血止痛散等。后期可使用中草药进行熏洗。如果手边没有这些药物，也可以把面粉炒至米黄色，再用米醋调和敷在患处，来代替五虎丹。用一小撮花椒、一小把盐煮水熏洗来代替中草药，效果也是不错的。

5. 适当进行恢复活动

在伤后肿胀和疼痛继续发展时，不要支撑体重站立或走动，最好是抬高患肢并限制进行任何活动。到病情趋于稳定时，可抬高患肢进行部分主动活动，但是禁做可以引起剧痛的活动。等到肿胀和疼痛逐渐减轻后，可以下地做些足踝的恢复活动，但时间要先短一些，到适应以后再慢慢增加运动量。

自我管理箴言

　　崴脚，是青少年在运动中经常遇到的事情，医学上称之为"足踝扭伤"。这种外伤是因外力使足踝超过其最大活动范围，令关节周围的肌肉、韧带甚至关节囊被拉扯撕裂，出现疼痛、肿胀及跛行等症状的一种损伤，所以青少年一定要谨防体育活动中的崴脚。

 ## 注意打篮球时的安全隐患

在校园和街头的篮球场上，经常能看到青少年模仿着巨星们的"绝技"。但篮球场上的激烈对抗也时有发生，而处在发育阶段的青少年，大多没受过专业训练，如果在一些细节上不注意，则很容易受伤。青少年打篮球该注意什么呢？

踩脚是篮球运动中在所难免的现象，这种现象往往发生在抢篮板时，踩的都是背后的人的脚，前面眼睛看得到，自然很少会踩到。那么抢篮板后落下，就要把屁股撅起来，靠着背后的人，腿尽量向前一点落地，腿部呈"┑"状落地。上身前倾来保持平衡，这样也能顺势把球抱在怀里，避免被人抢走。上篮落地时不太可能踩到脚。

在篮球运动中易发生踩脚事故

急变向或急停时扭脚，这种情况是因为变向或急停时蹬地的方向不对而受伤的。大家多是直接或间接学着乔丹的动作长大的，乔丹和大部分球员都有一个特点，脚经常呈内八字，膝盖内扣。这种方式适合变向时发力，比如说想向左冲，那么先让重心向前一些，内扣的右腿正好可以顺势发力。但是问题也就出现在这里，如果右腿已发力，突然又想向另一方向跑，因左腿没有及时抬起就内扣在地上，左脚岂不是要扭了？

想预防以上受伤的办法就是多练习基本步伐。防守的滑步尤其重要，防守时要放弃内八，而是摆出外八，想向右就右脚发力拖左脚，反之亦然，这才是正确的滑步，这样才能更快地防住对手而不至于自己受伤。突然地变向也是一个急停再加速的动作，所以也要注意，急停时就算是假动作，也要让脚尖顺着"假"的前方。这样不仅更逼真，也会避免扭伤脚踝。

投篮时能不跳高就不跳高，根据防守的情况决定跳多高。不论什么情况下，尽量避免侧向飞时落地，落地时要么是正面，要么是背面，落地时绝不要让脚进行横向的缓冲。一旦落地不稳，干脆打个滚，或者摔下去，擦伤总比扭伤来得轻，不要强行稳定身形，那可能就会造成扭伤。

打篮球时常见的事故处理技巧：

1. 擦伤（皮肤表面受到摩擦后的损伤）

轻度擦伤处理：伤口干净者一般只要涂上红药水或紫药水即可自愈。

重度擦伤处理：（首先需要止血）冷敷法、抬高肢体法、绷带加压包扎法、手指直接指点压止血法。

冷敷法：可使血管收缩，减少局部充血，降低组织温度，抑制神经的感觉，因而有止血、止痛、防肿的作用，常用于急性闭合性软组织损伤。

2. **鼻出血（鼻部受外力撞击而出血）**

处理：应使受伤者坐下，头后仰，暂时用口呼吸，鼻孔用纱布塞住，用冷毛巾敷在额头和鼻梁上，即可止血。

3. **挫伤（在钝重器械打击或外力直接作用下使皮下组织、肌肉、韧带或其他组织受伤，而伤部皮肤往往完整无损或只有轻微破损）**

处理办法与重度扭伤一样。

4. **脑震荡（头部受外力打击或碰撞到坚硬物体，使脑神经细胞、纤维受到过度震动，分为轻度、中度和重度脑震荡）**

处理：对于轻度脑震荡患者，安静卧床休息一两天后，可在一星期后参加适当的康复活动。

对于中、重度脑震荡患者，要保持患者的绝对安静，仰卧在平坦的地方，头部冷敷，注意保暖，并及时送往医院治疗。

5. **脱臼（由于直接或间接的暴力作用，使关节面脱离了正常的解剖位置）**

处理：动作要轻巧，不可乱伸乱扭。可以先冷敷，扎上绷带，保持关节固定不动，再请医生矫治。

自我管理箴言

青少年朋友应注重打篮球的基本功训练。投、突、运、传、防要有板有眼，掌握了扎实的基本功，将来才会有更大的发展。有的人喜欢模仿大牌球星的小动作，比如有人爱模仿乔丹上篮时伸舌头的动作，觉得这样很酷。其实这个动作很危险，如果被防守者碰到下巴，很容易咬伤舌头。

踢足球时要注意安全

　　足球运动是世界体育运动中开展最广泛、影响最大的一种运动项目，号称"世界第一大球""世界第一运动"。它以脚完成技术动作。足球运动要分两队进行，两队相互对抗，以攻入对方球门多少判定胜负。这是一项激烈而又富有魅力的球类运动，深受世界各国人民的喜爱。足球比赛以其特有的魅力吸引了成千上万的中小学生纷纷加入这项运动。然而，这项激烈的运动，会因为身体碰撞、争抢给参与这项运动的人造成不同程度的损伤，比如用力过大引起的肌肉拉伤，或者被别人踢伤、铲伤，等等。就此对足球运动的损伤部位、原因、预防等方面做一些简单的分析，以便中小学生可以健康快乐地踢球。

踢足球时要注意安全

足球运动损伤的发生，总结起来有以下几方面原因：

（1）激烈比赛时紧张地争夺、疾跑与铲球这些动作，容易造成大腿与小腿之间的肌肉拉伤与断裂。突然改变体位时，小腿会因突然扭转、内收或外展而引起膝、踝关节的韧带或骨骼的损伤。

（2）因球的间接作用而致伤。这种损伤多见于下肢。例如，用脚外侧踢球，就容易损伤距腓前韧带，这是最常见的踝关节损伤。用足内侧前脚踢球，由于膝关节屈曲，小腿因球的作用而突然向外伸展，这时就很容易损伤到膝的内侧副韧带、半月板及前十字韧带。特别是与对方运动员"对脚"时更容易发生。

此外，一次有力的"屈膝后摆腿正脚背"踢球，由于球的反作用，突然使股四头肌猛力收缩，常常会造成股四头肌、股直肌腹或腱膜的撕裂。处于中小学生这一年龄阶段，则容易引起胫骨节软骨炎的发生。

（3）球击伤。例如皮肤表皮的擦伤、挫伤或腹部挫伤（肝脾破裂、胃肠道挫伤）、阴囊及睾丸挫伤等。但最典型而常见的损伤是守门员的手指损伤，如拇指、食指或其他手指的韧带牵扯与关节半脱位。

（4）踢伤。比赛时小腿部位常常被视为"球靴"，因此足球运动中小腿是最易被踢伤的部位。踢球时小腿受到踢撞，会引起肌肉挫伤、皮下血肿、肌肉断裂（最常见的是股四头肌的损伤）以及骨的损伤（如胫骨骨折或胫骨创伤性骨膜炎）等。

（5）摔倒。在运动员争球、冲撞或疾跑时很容易出现摔倒的情况，因此，发生创伤的机会就多，场地不平时尤易发生。常见的如擦伤、创伤性滑囊炎（膝及肘）、髌骨骨折、脊柱骨折、脑出血、脑震荡等，这些大多因踢球时摔倒所致。此外，在塑料草坪上摔倒还会产生热灼伤。

（6）其他。除上述情况以外，足球运动员也常会因劳损而造成慢性创伤，如踝关节创伤而引起的骨关节病（又名"足球踝"，其成因之一是局部劳损，X线片表现为踝关节前后骨质增生）、趾骨炎及髌骨软骨病。

运动员犯规或动作技术不正确，是造成外伤的主要原因，占外伤发生率的百分比很大。其次是不遵守训练原则，技术不过硬，场地不好，运动员忽视使用保护装备（如护腿），裁判不严及运动员过度疲劳等。因此创伤的预防要针对这些方面来解决。

作为青少年，除了加强思想政治工作和坚持全面训练原则以外，还要注意使用各种保护装置。校方要反复宣传说明，训练和比赛时要使用绷带裹踝，防止踝扭伤与"足球踝"的发生，开始时会因踝的动作不习惯而不太灵活，但换来的却是长久的踝灵活。

　　此外，为了预防肘、膝小腿挫裂伤，应该使用相应的安全防护器具，比如护肘、护膝及护腿。

别让校园宠物伤了你

　　小明是红星小学二年级的学生，一天下课后，小明和同学看到校园里的几只流浪猫。这些流浪猫已经在学校待一两个月了，学生经常和它们一起玩。小明从兜里拿出一支铅笔开始逗小猫，其中一只黑猫一直在吃东西不理他，小明便伸出手把食物拨到了一边，突然，黑猫"呼"的一声蹿了起来，在小明胳膊上留下了一道血淋淋的爪印。老师把小明送去了医院，并注射了狂犬疫苗。据统计，北京儿童少年的被咬伤事件主要是由宠物造成的。在这些事件中，33%的咬伤发生在儿童与宠物玩耍时，5%的咬伤发生在儿童喂宠物时。通过这些数据，大家对预防动物咬伤抓伤应当有足够的重视。

　　如果被宠物咬伤了肯定不是小事，严重的话会引起一些重大疾病，所以，需要知道一些预防方法，否则就会发生意外。

1. 处理方法

（1）被猫、狗咬伤后，伤口要及时处理。

（2）有的不仅不冲洗伤口，反而涂上红药水包上纱布，这是非常错误的。

（3）如果就医的话没必要长途跋涉到一些大医院去，只要能进行合理的医治就可以。

2. 自行救助方法

（1）冲洗伤口要快。一定要在最短的时间内清洗伤口。通常来说，被宠物咬伤后要立即用肥皂水清洗，因为肥皂带有碱性，杀菌作用特别好。冲洗方式是用肥皂水冲洗，或将肥皂直接涂在伤口上，然后对着水冲洗。

（2）清洗要彻底。在冲洗的时候，一定要尽量将伤口扩大，使其充分暴露在外面，并用力挤压伤口周围软组织。另外，冲洗的水量一定要大，水流也要急，最好是用水龙头冲洗。

（3）伤口不可包扎。除了伤口特别大，需要止血的话，才包扎，其他的都不需要上药，也不需要包扎，因为狂犬病毒是厌氧的，如果没有氧气，狂犬病毒就会大量生长，伤口会更加严重。

（4）及时去医院。伤口反复冲洗后，再送医院做进一步的救治处理，而且要在最短的时间内注射狂犬疫苗。

3. 使用狂犬疫苗要注意的事项

（1）早注射比迟注射好，迟注射比不注射好。

被动物咬伤后应尽早注射狂犬疫苗，越早越好。首次注射疫苗的最佳时间是被咬伤后的 48 小时内。分别于第 0、3、7、14、30 天各肌内注射 1 支疫苗。一定要及时、尽早地注射狂犬疫苗。

（2）青少年注射疫苗后要注意保健。

在注射疫苗期间，注意不要吃有刺激性的食物。另外，也不要进行一些剧烈性运动，以免感冒。

由于人对狂犬病没有自然的免疫力，在被咬伤之后，病毒会沿外周神经迅速侵入中枢神经系统，一旦侵入胞体就会大量繁殖，进而侵犯整个中枢神经系统，在这种情况下，即使是注射疫苗也不会起到很大的作用。所以，在冲洗伤口的时候，一定要同时将污血挤出，而且尽量挤到最大限度，将危险程度降到最低。

小宠物的温顺和可爱能丰富人们的业余生活，而且还能激发人们的爱心。但是，并不是所有的宠物都能做到在任何时候都保持温顺。在很多时候，如果被惹急了，也会有很大的攻击性，所以，这一点青少年要尤其注意。

安全乘坐学生公寓电梯

　　2008年10月13日早晨，西安市某中学学生宿舍楼17名学生乘坐电梯下楼，电梯却突然在一楼"卡壳"，其中4名女生因缺氧晕厥。消防官兵、安监人员及电梯公司维修人员想尽办法，终于将电梯门打开，学生们被解救出来。

　　小杨是被困学生之一，当日早上6时55分，她和16名同学从公寓楼八楼乘电梯下楼，不料电梯下到一楼后，却迟迟不见开门。突然间，电梯里变黑了，有人尖叫起来，有人大声呼救。十多分钟后，学校老师来了，但电梯门无法打开。同学们拨打了110、119、120求助。

　　8时10分，西安市消防支队二中队8名消防官兵开着抢险救援车赶到。此时学校老师已将电梯门拉开了一个缝隙，校方工作人员通过缝隙向里面递了豆浆，让学生们喝豆浆"缓一缓"。

　　由于被困太久，4名女生因缺氧导致头晕甚至呕吐。很快，学校所在区安监局工作人员、公安分局民警也相继赶到。一辆120救护车也风驰电掣赶来待命。消防官兵在现场拉起了警戒线。

　　8时15分，电梯公司维修人员赶到现场，先将电梯内的换气扇打开，保证正常通风。8 时 50 分，维修人员和消防员共同努力，才将电梯门旁的手动安全锁打开。学生们被困了两个多小时后，相互搀扶走出电梯。经现场 120 急救人员诊断，几名女学生是由于缺氧导致的暂时性头晕，并无大碍。

据工作人员检查，此次电梯"卡壳"的原因初步认定为超载，同时也不排除瞬间断电的可能。

随着经济发展，很多学校的宿舍楼越盖越高，这就使得电梯成为上下楼必不可少的工具。但是随之而来的，是电梯对学生安全可能造成的危害。遇到电梯失灵，学校在及时派人进行救助的同时，还要注意安抚电梯内被困人员的情绪。必要时候，应根据情况拨打 110、119 或者 120 求救。被困电梯时，最好的方法就是按下电梯内部的紧急呼叫按钮，这个按钮一般会跟值班室或者是监视中心连接。若报警无效，可大声呼叫或者拍打电梯门，用鞋子拍门更响一点。另外，如果手机有信号也可拨打 110、119。如暂时没有人经过，最好保持体力间歇性地拍门，尤其是听到外面有了响动再拍。电梯在出现故障时，门的回路方面会发生失灵的情况，这时电梯可能会异常启动，如果强行扒门就很危险。

如果电梯在下落中失灵，第一，要立刻把每一层楼的按键都按下，说不定电梯就在哪一层突然停了；第二，如果电梯里有把手，用一只手紧握把手，以免电梯落地时人被摔来摔去；第三，千万不要以为电梯失控时平躺在地比较安全，而是要整个背部和头部紧贴电梯内墙呈一直线，以电梯内墙作为对脊椎的防护；第四，膝盖要弯曲，可承受重力压力。

自我管理箴言

　　日常乘坐电梯时，如果发现电梯有超速或者速度过慢的情况，或者发现电梯轿厢里有焦煳气味，应按下急停按钮，使电梯停下来，并及时通报维修人员。

安全知识小课堂

体育课上安全小提示

第一课：训练注意事项

体育课是锻炼身体、增强体质的重要课程，其训练的内容多种多样。因此，需要注意的事项也较多。

为了避免从单杠上摔下来身体受伤，在进行单、双杠和跳高训练时，器械下面必须准备好厚度符合要求的垫子，若直接落到坚硬的地面上，会伤及腿部关节或后脑，危害较大。

做单、双杠动作时，要采取各种有效的方法，增大摩擦度，使双手握杠时不打滑。

跳远时，要严格按老师的指导助跑、起跳。起跳前前脚要踏中木制的起跳板，起跳后要落入沙坑之中。这样不仅可以保护自己的安全，而且还可以按要求提高自己跳远的成绩。

如果是短跑等项目，要按照规定的跑道进行，不能串跑道。以免人多拥挤、相撞，造成不良的后果。

特别是快到终点冲刺时，更要遵守规则，因为这时人体的冲力较大，精力又集中在竞技之中，思想上毫无戒备，一旦相互绊倒，就可能严重受伤。

在进行投掷训练时，如投铁饼、铅球、标枪等，一定要按老师的口令进行，不能有丝毫的马虎。这些体育器材有的坚硬沉重，有的前端装有尖利的金属头，如果擅自行事，就有可能击中他人或者自己

跳远时要严格按老师的指导助跑

被击中，造成严重的后果，甚至有生命危险。

参加篮球、足球等项目的训练时，要遵守一定的规则，学会保护自己，不要在争抢中蛮干而伤及他人。

在做跳马、跳箱等跨越训练时，器械前要有跳板，器械后要有保护垫，同时要有老师和同学在器械旁站立保护才可以进行。

前后滚翻、俯卧撑、仰卧起坐等垫上运动的项目，做动作时要严肃认真，不能打闹，以免发生扭伤。

第二课：体育课上穿着有讲究

运动着装可以比较随意，但要讲究科学性。得体的鞋和衣服，对运动有支持和保护作用。

有些中小学生穿着皮鞋、裙子上体育课，这不但不美观，还存在着很多安全隐患。例如，上体育课难免跑跑跳跳，这时候如果穿着皮鞋，不但运动起来不方便，对脚也起不到保护作用。为了确保中小学生的运动健康，就要从运动时的科学着装开始，那么运动中科学着装，具体应该怎么做呢？

运动中科学着装首先要从服装的材质上开始，中小学生在选择运动服装时，最好选择由散热性较好的材料做成的服装，要避免纯棉材质的服装。尽管纯棉服装的吸汗功能很好，但所吸的汗水并不能散发出来，从而造成运动时汗水黏附在皮肤上，使皮肤逐渐变冷，难以保温。尤其是在寒冷的冬季，穿着纯棉料的服装反而更容易在剧烈运动后使人着凉，引发风寒感冒、头痛等症状。而类似聚丙烯这样的材料，具有良好的散热功能，有利于保持皮肤清爽，让你的运动更舒适。

此外，许多中小学生一般会以为身体一运动起来，就不会有寒冷的感觉，穿一身运动服就可以了。但是人体在户外运动时仅在运动中段产生较多热量，在运动前和运动后体温容易受到外界温度的影响，如果不注意，就会因人体温度的剧烈变化而生病。

最后还要提醒中小学生，冬季运动与夏季不同，穿衣不能过度减少，最好穿薄的多层衣服。多层衣服比单层衣服有更强的保温能力，而且在运动中感到热时，可以脱下几层衣服。戴帽子、手套能防止身体热量丢失。

第二章 食品安全——警惕身边的饮食危险

进入 21 世纪，科学技术飞速发展，通过改善饮食条件与食品组成，从而提高人类健康水平已经成为现实。但科学技术是一把双刃剑，近年来一些重大食品安全事件频频发生，给人类健康造成了严重危害。

青少年谨防食物中毒

我们通常所说的"安全四防",是指防火、防水、防盗和防中毒。据《半月谈》报道,从马路餐桌到家庭餐桌,从集体食堂到高档餐馆,"问题食品"布下了重重险阱。

对食物中毒来说,"病从口入"这句话再确切不过了,必须从以下方面坚决注意:

1. **不吃病死牲畜肉,加工肉制品和海鲜时应生熟分开**

烧熟煮透,低温冷藏,方可有效防止沙门菌和副溶血性弧菌等细菌性食物中毒。

引起沙门菌食物中毒的食品主要是肉、鱼、禽、奶、蛋类,中毒原因主

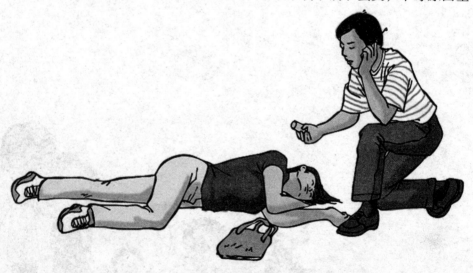

对食物中毒者进行现场急救

要是食用了病死牲畜肉或宰杀后被污染的牲畜肉，加工食品用具、容器或食品储存场所生熟不分、交叉污染，食前未加热处理或加热不彻底。

副溶血性弧菌是一种海洋细菌，主要来源于鱼、虾、蟹、贝类和海藻等。中毒食品主要是海产品，其次为咸菜、熟肉类、禽肉、蛋类，约有半数为腌制品。中毒原因主要是烹调时未烧熟、煮透，或熟制品污染后未再彻底加热。因此，加工海产品一定要烧熟煮透；烹调或调制海产品、拼盘时可加适量食醋。加工过程中生熟用具要分开，宜在低温下储藏。

2. 自制发酵食品要保持卫生，防止霉变，以杜绝椰毒假单胞菌、肉毒杆菌外毒素等中毒

椰毒假单胞菌酵米面亚种食物中毒是我国发现的一种病死率很高的细菌性食物中毒。中毒食品主要为发酵米面制品，如糯米面汤圆、吊浆粑、小米或高粱米面制品。病死率高达40%～100%。所以，家庭制备发酵谷类食品时要勤换水，磨浆后要及时晾晒或烘干成粉。贮藏要通风、防潮，不要直接接触土壤，以防污染。

肉毒杆菌中毒以食用罐装或瓶装的污染食品和腊肠所引起最常见，简称肉毒中毒。此外与饮食习惯有关，主要为家庭自制的发酵豆、谷类制品（面酱、臭豆腐等）。中毒原因主要是被污染了肉毒毒素的食品在食用前未进行彻底的加热处理。家庭自制发酵酱类时，应注意盐量要达到14%以上，并提高发酵温度，要经常日晒，充分搅拌，使氧气供应充足。

3. 严禁采摘和食用刚喷洒过农药的瓜、果、蔬菜

有机磷农药是当前使用最广、品种最多的农药之一，国内每年因此发生中毒和死亡者居各种化学物中毒之首。食用喷洒有机磷农药不久的水果、蔬菜，用装过有机磷农药的容器盛装食品，食用了有机磷拌过的种子，用受到有机磷污染的车辆、仓库运储粮食等都可造成中毒。

4. 加工菜豆、豆浆等豆类食品时，一定要充分加热，以防其中的有害物造成食物中毒

菜豆又叫扁豆、四季豆、芸豆、刀豆、豆角等，菜豆中毒致病物质尚不十分清楚。一般认为菜豆烹调加工方法不当，加热不透，毒素不能被破坏，即可引起食物中毒。加工菜豆要注意翻炒均匀、煮熟焖透，使菜豆失去原有的生绿色和豆腥味。

豆浆中的有害物质可能是胰蛋白酶抑制素、皂苷。当豆浆加热到一定程度时，会出现泡沫，此时豆浆还未煮开，应继续加热至泡沫消失，豆浆沸腾，再持续加热数分钟。当豆浆量大或较稠时，一定把豆浆搅拌均匀，防止烧煳锅底，影响热力穿透。

5. 不随便吃不认识的鱼和蘑菇

食用了含有河豚毒素的鱼类可引起食物中毒。

"河豚"是硬骨鱼纲鲀科鱼类的俗称。河豚鱼的卵巢和肝脏毒性最强，肌肉和血液中也含有毒素。河豚中毒的病死率为40%～60%，死亡通常发生在发病后4～6小时，最快的可在发病后10分钟死亡。消费者应注意不擅自吃沿海地区捕捞或捡拾的不认识或未吃过的鱼。

自我管理箴言

相信大家都听过、见过有关食物中毒的事件。食物中毒的后果确实是非常可怕，轻者损害身体健康，重者则有可能致命。如果我们能掌握一些预防食物中毒的知识，不给食物中毒提供发生的条件，就能大大降低其危害。

 # 食物中毒的急救

食物中毒是指因为食用了对人体健康有害的食物而导致的急性中毒性疾病。通常来说，这种疾病是在不知情的情况下发生的，如食用了被细菌及其毒素污染的食物，或摄食含有毒素的动植物。

很多食物中毒的患者往往不能及时发现自己的中毒症状，等送到医院的时候已经为时已晚。所以，食物中毒后早期的发现和处理是特别重要的。

通常来说，食物中毒后的第一反应是腹部不适，要么腹胀，要么腹痛，甚至还会发生急性腹泻，通常还会有恶心、呕吐相伴。

食物中毒一般可分为细菌性、化学性、动植物性和真菌性食物中毒。食物中毒不仅包括个人中毒，有时候还会出现群体中毒。食物中毒的主要症状是恶心、呕吐、腹痛、腹泻，而且还有发烧。如果情况严重的话还会发生脱水、酸中毒，甚至休克、昏迷……

在出现上述症状之后一定要停止食用可疑食物，立即拨打120呼救。同时还要进行自救。通常自救方式包括：

1. 催吐

即使中毒后还没有出现呕吐，也要想办法来催吐，如用手指、筷子等刺激其舌根部，或者是让中毒者大量饮用温开水并反复自行催吐，这样就可以减少毒素的吸收。在呕吐完之后，可适量饮用牛奶以保护胃黏膜。如果在呕吐物中发现了血性液体，则表明可能出现了消化道或咽部出血，此时一定要停止催吐。

2. 导泻

如果吃下去的中毒食物时间较长，而且精神较好，可采用服用泻药的方式，促使有毒食物排出体外。例如，用大黄、番泻叶煎服或用开水冲服可以达到导泻的目的。

3. 保留食物样本

明白中毒物质对治疗是起关键作用的。所以，在发生食物中毒后，要保存导致中毒的食物样本，这样可以为医院诊断和治疗提供依据。如果没有食物样本，可以保留患者的呕吐物和排泄物。

4. 送医院

出现脱水症状时，一定要将中毒病人送往医院救治，脱水症状通常有皮肤起皱、心率加快……

自我管理箴言

　　食物中毒后，如果感觉身体严重不适则不可盲目服药，而是应该给父母打电话，或是自己到医院就诊，也可以向邻居求助，病情非常严重时也可直接拨打120寻求帮助。

海鲜不宜多吃

　　海鲜味美，营养也很丰富，故贪吃海鲜的人越来越多，有些人吃海鲜不限量，吃饱吃够为止，甚至不大讲究海鲜的做法。专家告诉人们，海鲜味美，如果吃法不当或食之过多，或者不适合吃海鲜的人吃了海鲜，都是走进了饮食的误区，很可能引发疾病或加重原有的病情。

　　贪吃海鲜的人可能出现以下病症：

1. 导致出血

　　海鲜尤其是含脂肪多的海鱼等，因鱼中含有较多的不饱和脂肪酸——二十碳五烯酸（EPA），其代谢产物为前列腺环素，具有抑制血小板凝血和止血作用，所以患有血小板减少性紫癜、过敏性紫癜、败血症、遗传性纤维蛋白原缺乏、弥漫性血管凝血和维生素K缺乏的人，应少吃脂肪含量多的海鲜，更不宜食用鱼油等食品，以免导致鼻或其他受伤部位出血不止。

常吃海鲜易导致痛风症

2. 易导致痛风症

海鲜食品普遍富含嘌呤，它可造成人体代谢紊乱，引起一种代谢疾病，即痛风。痛风病的临床症状是高尿酸血症、急性关节炎反复发作等。含嘌呤多的海鲜食物有鱼子、鲭鱼、带鱼、小虾皮、淡菜等。但对这些海鲜也不必拒之不食，如果经过浸渍、煮沸，嘌呤可大部分溶于水中，只吃肉不喝汤，就没什么问题了。

3. 诱发食物过敏症

海鲜食物富含组氨酸，这类异性蛋白质进入人体后，可成为一种过敏原刺激机体而产生抗体，释放出组胺，从而引起一系列过敏反应。其症状是开始皮肤瘙痒，接着出现风团（荨麻疹）。风团可发生在人体皮肤上的任何部位，有剧烈的瘙痒或灼热感。

4. 导致不育症

男性过食海鲜会削弱生育能力，导致不育症。这是因为鱼体中汞含量高于水中汞含量，汞进入人体后，可直接进入血液与血红细胞结合，妨碍人的生殖细胞的生长。

 自我管理箴言

我们知道海鲜食品中的异体蛋白会引起过敏反应，对海鲜有过敏反应的人，最好不吃或有选择地食用。过食海鲜危害多，应多多参加适当的锻炼和护理。

 药物中毒的避险知识

一些青少年独自在家时，偶然遇上身体不适，会自己寻些药片或药水服下，但如果用得不当或误用，就有可能造成药物中毒。

1. 阿托品类药物中毒

阿托品是日常使用的药物，它是从茄科植物颠茄与曼陀罗等中提取的。阿托品类药物口服后，在肠道内迅速被吸收，它具有松弛许多内脏平滑肌的作用。能抑制腺体分泌，使瞳孔括约肌和睫状肌松弛。由于它具有较多功效，所以临床使用广泛，不少家庭也备为常药。阿托品药物如果使用剂量过大，可引起中毒。幼儿对阿托品有特殊的敏感性。幼儿用浓度较高的阿托品溶液点眼时，阿托品溶液通过鼻泪管流入鼻腔或进入消化道，被黏膜或肠道吸收，可引起中毒。另外，曼陀罗冲酒内服可以治疗关节痛，但如果过量，也可导致中毒。误服曼陀罗浆果，或将曼陀罗叶混入蔬菜，外敷曼陀罗叶或颠茄膏，误服颠茄，儿童将莨菪根误为萝卜采食，均可发生阿托品中毒症状。

症状：皮肤潮红，烦躁口渴，幻觉不安，心跳加快，瞳孔散大；严重患者出现抽搐、兴奋狂躁、呼吸表浅乃至呼吸麻痹。

急救措施：

尽快催吐、洗胃，洗胃液可用2%鞣酸溶液或浓茶水。

洗胃完毕，尽量让患者多喝浓茶，以沉淀胃内的毒物。

服用强镇静剂，如水合氯醛、氯丙嗪、短效巴比妥类药物，以对抗阿托品的作用。

然后尽快送往医院。

注意事项：该类中毒患者多为兴奋狂躁乃至抽搐，故应保持安静，不要刺激患者。

2. 巴比妥类药物中毒

巴比妥类药物是常用的镇静剂和催眠剂，可用于镇静、催眠、抗惊厥、抗癫痫及麻醉等。

症状：头晕，头痛；思维紊乱，共济失调；困倦，反应迟钝，言语不清。

急救措施：

立即以清水或温开水、生理盐水、1：5000高锰酸钾溶液反复洗胃。

患者洗胃应防止胃内容物反流进气管内引起窒息或吸入性肺炎。

洗胃后灌入活性炭，而后导泻。

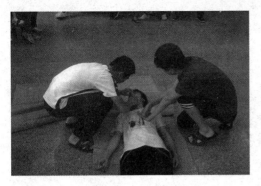

对药物中毒患者进行急救

如果患者已经昏迷或昏睡，让其取平卧的体位，清除口腔分泌物，维护呼吸道通畅，防止窒息。

清醒患者如出现呼吸困难，可用鼻导管或口鼻面罩吸氧；昏迷者如出现呼吸困难，应采用人工呼吸抢救。

3. 六神丸中毒

六神丸，是家庭常备良药之一，至今已有二百多年的历史。六神丸中主要含有牛黄、珍珠、麝香、雄黄、蟾酥、冰片等成分，具有清热解毒、消肿止痛等功效。

症状：频繁的恶心、呕吐；腹痛，腹泻，严重的可致脱水；头晕，头痛；面色潮红，口唇发紫；四肢发麻、冷湿；喉头水肿，吞咽困难；口吐白沫；胸闷，心悸；心搏细弱，呼吸急促、不规则；血压下降；惊厥；抽搐；嗜睡；休克；婴儿可出现吐奶、气急、皮肤风团红斑等症状。

急救措施：应立即将患者送医院急救。

预防措施：不要滥服六神丸，服药要严格按照说明书的用法用量，或遵医嘱服用。

4. 维生素 A 中毒

维生素 A 又称抗干眼醇，属于脂溶性维生素，是视色素的主要组成部分。维生素 A 具有维持眼睛在黑暗情况下的视力的功能，缺乏维生素 A 时易患夜盲症，还会引起眼干燥症，可使视力衰退。

症状：头痛；急躁，哭闹；嗜睡；恶心，呕吐，腹泻；结膜充血，瞳孔散大，视力模糊；皮肤潮红、干燥；腹肝区肿大。

急救措施：酌情施给大剂量维生素 C，适量维生素 K 以及对症处理。

预防措施：不要随意滥用维生素 A。

自我管理箴言

　　在家中青少年一定不可乱吃药，以防药物中毒。同时做到以下几点：普及有关中毒的预防和急救知识；在家长的指引下用药；如果身体不舒服应第一时间去看医生。

 小心农药残留物

　　随着人们营养健康观念的增强，新鲜的果蔬成了人们餐桌上必不可少的食物。然而，在人们对各类时令果蔬的需求日益旺盛的同时，一个不容回避的问题——农药残留始终困扰着我们。

　　1. 如何避免水果蔬菜的农药残留

　　我们的生活离不开蔬菜和水果，为降低吃入残留农药的水果蔬菜的概率，建议消费者采用以下方法避免水果蔬菜的农药残留：

　　（1）用水果蔬菜专用清洗剂清洗水果蔬菜。

　　（2）尽量选购时令盛产的水果蔬菜。

　　（3）尽量避免在自然灾害或节庆日前后抢购水果蔬菜。

　　（4）勿偏食某些特定的水果蔬菜。

　　（5）可选购市面上信誉良好的水果蔬菜加工品（如罐装及腌渍水果蔬

马铃薯需去皮才可食用

菜等）或冷冻蔬菜，因为上述的水果蔬菜在加工过程中已除去大部分的农药。

（6）外表不平或多细毛的水果蔬菜（如猕猴桃、草莓等）较易沾染农药，因此食用前，可去皮者，一定要去皮，否则，请务必以水果蔬菜清洗剂及清水多冲洗后再食用。

（7）可选购含农药概率较少的水果蔬菜，如具有特殊气味的洋葱、大蒜；对病虫害抵抗力较强的龙须菜；需去皮才可食用的马铃薯、甘薯、冬瓜、萝卜，或有套袋的水果蔬菜。

（8）当发现水果蔬菜表面有药斑，或有不正常、刺鼻的化学药剂味道时，表示可能残留农药，应避免选购。

（9）对于连续性采收的农作物（可长期而连续多次采收），如菜豆、豌豆、韭菜花、小黄瓜等，需要长期且连续地喷洒农药，消费者应特别增加这些作物的清洗次数及时间，以降低其农药残留量。

2. 如何清除果蔬中的残留农药

如果所食用的蔬菜、水果残留较多的农药化肥，就会导致中毒症状的发生。为了保证人体健康和食用安全，在购买回蔬菜、水果之后一定要想办法把残留的农药去除。主要方法包括以下几个方面：

（1）将蔬菜先用清水冲洗干净，对包心类蔬菜，可从中间剖开后放在清水里浸泡1小时左右，再用清水冲洗干净。

对于使用有机磷农药的果蔬，还可以用碱水浸泡。将果蔬的表面污物洗净后，在碱水中浸泡10分钟左右即可。

（2）浸泡。将洗净的蔬菜放在不少于蔬菜重量4倍以上的清水中浸泡30～50分钟，其间换水2～3次，最后再冲洗干净，这样就可以将农药溶解到水中。

（3）部分蔬菜去皮食用。有些蔬菜、水果的表皮含蜡质液胶，有机磷、有机汞等很容易渗入并残留在这些表皮里。因此，很多蔬菜和水果可以去皮食用，如萝卜、马铃薯、胡萝卜、番茄、冬瓜、苹果、梨……

（4）臭氧除污。用臭氧除污后再冲洗浸泡更有效。

（5）高温加热。一般化学农药不耐热，高热加温可使农药分解、蒸腾。对于一些适宜加热的蔬菜，如青椒、花菜、芹菜、豆角等，在冲洗干净后，于下锅炒前可在热水中烫一下，这样就能清除很多残留农药：

（6）阳光除污。阳光中的多光谱效应，可使蔬菜、水果中部分残留农药分解、失活、破坏。

3. 如何去除肉类中残留的农药

有关部门从市场抽取的猪肉、牛肉和羊肉经检测发现，肉类中也存在着农药污染的问题。其主要原因是随着农药的广泛使用，畜禽食入含有残留农药的蔬菜和其他农作物饲料后，其肉中就会存有残留农药。为安全食用肉类，可用以下方法来尽可能地去除残留的农药。

（1）将肉类用清水冲洗干净（冬天用40℃左右温水冲洗），沥干水分后放入油锅里炸至橙黄色取出，然后再进行其他形式的烹调供食用。经过这样的高温油炸处理，可以减少40%左右的残留农药。不便油炸的，可在水中先煮几分钟，取肉弃汁再行烹调，减毒效果相同。

（2）有实验表明，将冲洗干净的猪肉、牛肉置于高压锅内蒸煮20分钟，可使肉中的残留农药减少80%。

（3）有机磷农药（敌百虫除外）在碱溶液里或受高温，能使大部分有机磷农药分解失活。因此，可将肉类先放在淡的食用碱溶液里浸泡10～20分钟冲洗干净，或者放入淡食用碱溶液里加热煮几分钟后取出（弃去汤汁），再用清水冲洗一下供烹调食用。

（4）在烹调肉类时，适量地添加一些大蒜、黄酒和醋，不但可以去腥、调味，而且也能起到减少残留农药的作用。

自我管理箴言

作为青少年，唯一能做的只有把好食品"入口"关，掌握上述的方法，去除农药残留，防止对身体的危害。

单纯节食减肥不健康

现在有些身体发胖的女性很注意节食减肥；但有的女性并不胖，也跟着节食减肥。她们少吃饭，不吃早餐，不吃脂肪，不吃主食，整天饿着自己的肚子。这种"节食减肥"的方法不对，不利于健康。减肥，首先要采取正确的方法，应该是在必须保证身体所需营养物质的供给条件下，做到使身体多余的脂肪减下来；而同时必须使肌肉发达起来。减少了脂肪，增加了肌肉，并不一定要大量减体重。

大量事实证明，适当节食是可以减肥，但单纯节食减肥，过分节食会造成人体缺乏营养，有害健康，效果并不好。长期过度节食的人，因为摄入能量不足，必然导致营养不良，人体各脏器功能减退；而且人体所必需的一些维生素和其他营养素，比如维生素 A、维生素 D、维生素 E、维生素 K 就必须要在一定脂肪参加的情况下才能被吸收利用。同时，脂肪可转化成胆固醇，而胆固醇是合成维持生命的多种激素的成分。所以，单纯用节食的减肥方法容易导致肠胃疾病和厌食症。神经衰弱的人，还会引起失眠甚至情绪失调。节食过度，还会因血糖降低而虚脱昏倒。

单纯节食减肥的危害有：

（1）易导致胆结石。美国一位专家对 51 位节食 4 周的人进行了检测，发现其中 4 人患上

节食减肥有害身体健康

了胆结石。对节食8周及8周以上的人进行检测后发现，胆结石发病率上升到25％。这些人在节食前均未发现有胆结石。这是因为少吃，少排泄，而造成废物排泄不畅引起的。

（2）不利大脑功能发挥。女性节食减肥者脑发育受损尤为明显。这是由于大脑营养供给不足。

（3）易发生骨质疏松。减肥女性片面追求身材苗条，节食过度，导致体重大幅度下降，营养缺乏，钙质也供给不足，极容易诱发骨质疏松症早期病变；到了中老年就会发生骨质疏松，或驼背弓腰，或摔伤折骨。

（4）影响性感。许多女性盲目节食减肥，随着机体脂肪的过度燃烧，女性身体失去固有曲线美的丰硕、饱满。骨瘦如柴，势必失去性感。

单纯节食减肥不可取，只有保证身体有充足的营养供给的情况下，加强身体锻炼，消耗多余脂肪，增加身体的肌肉，才是健美减肥的正确方法。

自我管理箴言

　　运动才是最健康、最持久的减肥方式。只有真正地运动起来，才能对减轻体重有帮助。最科学的减肥就是要让体内补充全面均衡的营养，让身体更有效地消耗脂肪，在这个基础上再加上控制热量摄入来达到减肥目的。适量运动还可帮助青春发育期的青少年塑造完美形体，同时有助于青少年身心健康。

 青少年要喝出健康

到了夏天，各种饮料广告充斥电视屏幕，漂亮的包装让人眼花缭乱，而且饮料喝起来口感特别好，很多人把它们当做日常饮水。殊不知，如果过量饮用这些饮料也会有一定的健康隐患。还有一些饮品，虽然对健康有益，但也要注意喝法。

可乐是碳酸饮料，青少年骨骼正在发育，服用酸性物质过多会使身体缺乏钙质，从而影响发育，而可乐中含有的色素、香料、焦糖等添加剂对人体健康十分不利。以可乐为代表的碳酸饮料给人舒适和兴奋的感觉，喝习惯后，人们就会产生一定的依赖性。

甜果汁好喝，添加剂有害。果汁类饮料营养比较丰富，有的饮料中还有少量果肉沉淀，能够适当补充维生素，被很多人认为是健康自然的饮料，但果汁里含有果酸，果酸摄入过多，对胃肠可能有影响；再者，果汁饮料在制作过程中或多或少都有食品添加剂，长期食用会影响发育，同时，饮料中的添加剂会降低食欲，影响正常的营养吸收。

其实，不起眼的白开水是最适合青少年健康发育的饮料。研究表明，温开水能提高脏器中乳酸脱氢酶的活性，有利于较快降低累积于肌肉中的"疲劳素"——乳酸，从而消除疲劳，焕发精神。

水对人体的生理功能主要有四个方面：人体组织和细胞的养分及代谢物在体内运转，都需要水作载体；水可以调节体温，使人体温度不会波动太大；水是人体组织之间摩擦的润滑剂；水有极强的溶解性，多种无机和有机物都易溶于水中，体内代谢废物在水的作用下易清除到体外。所以，专家强调，我们的饮料首选是白开水。

水烧开后，装在有盖子的容器里，让其自然冷却到室温，凉开水中的氯气减少了1/2，理化特性均有所改变，而近似于机体细胞的水，很容易渗透细胞膜而被人体吸收利用。这是任何饮料所不及的。这种凉开水不但对人有益，对动、植物也有活性。科学家用凉开水浸泡甜菜种子，竟增产35%，且大大提高了含糖量。浸泡白菜、黄瓜种子，能提早2～3天发芽，且增产20%。而饮凉开水的白鼠比喝生水的白鼠的血红蛋白高20%。因此日本人甚至推崇凉开水为"复活神水"，而且创造出了以喝凉开水为中心的"水疗法"。

这种神奇疗法的创始人认为，"水疗法"对绝大多数疾病都适用。因为水不但本身是营养素之一，而且在体内能帮助吸收养料、排泄废物和有毒物质、维持体温等。人生病时，多有发热症状，多喝凉开水可降温，稀释因生病而产生的毒素，有利于通过出汗、小便将毒素排出体外；还可刺激血红蛋白的生成，并有镇静作用，又可提高器官工作的效率。

感冒是病毒引起的，至今仍无特效药，治疗感冒的主要手段就是休息与饮水；尿路的"保健药"也首推水，一是可防治尿路感染，二是防治尿路结石，三是预防尿路癌症再发；足量饮水还可减轻哮喘症状；饮水还可减肥，饮水可抑制食欲，减少食量而无饥饿感，确实是最理想又无痛苦的减肥方法。

自我管理箴言

专家们建议生水烧开后最好在3分钟内熄火，灌入热水瓶，这样既能杀灭水中大部分病菌，又不使水中亚硝酸盐含量过高。而以下几种开水则不能喝：一是老化水，也就是长时间储存的温开水；二是千滚水，这种水因烧煮时间过久，水中不挥发性物质，如钙、镁以及重金属和亚硝酸盐含量很高，对身体不利；三是蒸饭、蒸肉后的"下脚水"，同样含有大量钙、镁以及重金属和亚硝酸盐等；四是重新煮开的水，因为水烧了又烧，水分多次蒸发，会使亚硝酸盐浓度升高。

远离坏习惯带来的危害

很多人认为吃饭很简单，谁都会吃饭。其实吃饭也有很多讲究，或者说是禁忌，违背了禁忌，就会对消化、吸收不利，吃饭的效果就会大打折扣，也会使健康受到影响。这里列举一些吃饭时要注意的问题。

1. 吃饭要讲姿势

有人盘腿坐着吃饭，有人蹲着吃饭，也有人边走边端着碗吃饭，这些吃饭的姿势都不正确、不科学。这样吃饭会使腹部受压或不利于卫生，影响消化液的分泌和胃肠蠕动，造成食管黏膜受损或吃进尘土细菌。蹲着或盘坐吃饭，全身重力势必压在腿上，使下腹肌肉处于紧张状态，妨碍下肢的血液回流，影响血液循环的正常运行，血管压力也会增高，从而加重心脏负担。边走边吃饭，大脑既指挥走路，又指挥吃饭，对消化不利，而且不利卫生。专家提出吃饭姿势要讲究有利于消化的正确姿势。常见的吃饭姿势以"站立式"最为科学，坐在凳子上吃饭也很好。

2. 不要边吃饭边看书报或电视

边吃饭边看书报或电视是不良的饮食习惯。首先，人在吃饭时，胃肠道在大脑的统一指挥下，蠕动加快，消化液分泌增加，为了保证胃肠道增加工作量的完成，胃肠道血管扩张，循环血量比平时增加数倍，这时候如果再看书报、电视，必然使大脑工作量增大，血液供应量的需求增加，就势必造成脑和胃"争血"的局面。其结果是胃肠和脑供血都得不到充分保证，消化液分泌减少，消化运动减弱，久而久之，造成消化不良；同时由于大脑的供血不够充分，看书报的效率不高，容易造成脑疲劳，影响学习效率。所以，边吃饭边看书报或电视对吃饭、学习都不利。

3. 吃饭时不宜大量饮水

有的人边吃饭边饮水或汤，这对消化不利。人在咀嚼食物时，唾液内的淀粉酶开始对食物进行消化。食物与唾液混合后成为食糜，食糜经食管进入胃内，在胃酸激活胃蛋白酶后对食糜进行消化。此外，胃酸还可以对食糜中的其他成分进行"腐煮"加工，使食糜的紧密牢固结构变为蓬松的状态，便于消化吸收。吃饭时边吃边大量饮水，将会导致胃酸浓度下降，不利于食物消化。

4. 不要吃泡饭

有的人习惯吃饭时把米饭、馒头等泡水或汤吃，这样在口腔内咀嚼时间缩短，唾液分泌量减少，食物在口腔内还未嚼烂就与水一道吞进胃里，随食物混合有消化作用的唾液会大量减少，不利于食物消化吸收。

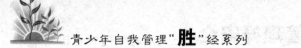
5. 不宜边吃饭边饮汽水

有的人在夏季用餐时喜欢用汽水代水饮用，觉得汽水是解暑饮料，就在饭前、饭中或饭后喝一瓶汽水，这不利于食物的消化吸收。胃消化食物必须通过胃酸、胃蛋白酶来完成。若在饭前、饭中或饭后饮用大量汽水会将胃酸冲淡，减弱胃酸的杀菌力；汽水中的二氧化碳还可刺激胃黏膜，减少胃酸分泌，影响胃蛋白酶的产生和形成，从而影响消化，降低食欲。此外，汽水中的碳酸氢钠是一种弱碱，能中和胃酸，使蛋白酶的消化能力减弱。因此，吃饭前半小时和吃饭中不要饮汽水，饭后也不要马上饮汽水。

6. 不要吃过冷或过热的食物

中医理论认为，不要吃过冷过热的食物。过热的食物容易灼伤消化道黏膜，特别是食管的黏膜，灼烫后容易致癌。相反，过冷的食物，也会使胃肠道血管受冷收缩，减少消化液的分泌，抑制胃肠有节律的蠕动，不利于食物的消化吸收。热时烫嘴，冷食冰牙，对口腔都有伤害。

7. 不可暴饮暴食

有些人日常用餐不讲究，遇上喜欢吃的或与朋友相聚时，不能克制自己，

暴饮暴食易损伤胃肠

喜欢暴饮暴食，这是一种极不好的生活习性。暴饮暴食损伤胃肠，引起胃痛腹痛、呕吐腹泻，还会使大脑早衰。《黄帝内经》指出，饮食有节是人活百岁的要诀之一。

孙思邈在《千金要方》中讲："饮食以时，饥饱得中。"古人云："食物不在于多，贵在能节。"我国民间谚语有"每餐少一口，活到九十九"的生动总结。有长寿的人曾深刻地说道："要对饮食加以节制，量腹而为，既不要过餐，也不要强忍挨饿，以饥饱适中为宜"。以吃到七八成饱为宜，不可吃得过饱。

8. 吃饭要细嚼慢咽并且不可狼吞虎咽

有的人吃饭时习惯于狼吞虎咽，快速进食，这对食物的消化和人体健康不利。食物的消化过程，包括机械消化和化学消化两大部分。机械消化主要是靠在口内咀嚼，将食物由大变小并磨细，同时混合供化学消化作用的唾液消化酶等，到胃内开始由胃液再进行化学消化。如果狼吞虎咽，囫囵吞枣，食物在口腔内得不到充分磨细，也不能得到足够的消化酶，就增加了胃的负担，造成消化不良，所以，吃饭时要细嚼慢咽。

经试验得知，吃同样的食物，细嚼的食物中的蛋白质、脂肪的吸收率分别是85%和83%，而在大口吞食的情况下，其吸收率分别为72%和71%。细嚼慢咽还能对牙床起到良好的按摩活血作用，促进血液循环，有利于促进牙周组织、牙齿和颌骨的健康。有专家提出，一口饭菜要咀嚼25次至30次为好。

9. 吃饭时切忌争吵动怒

有的人吃饭时讨论问题或者因小事争吵不休，或大动肝火，在这种不正常的精神状态中就餐，中枢神经会受到不同程度的抑制，交感神经过度兴奋，会使消化液分泌减少，胃肠蠕动失调，食管、贲门、幽门等消化道关卡的括约肌强烈收缩，使食欲大减，甚至出现恶心、呕吐和其他消化功能紊乱症状。古语说"食不言，寝不语"，就是指要集中精力吃饭或睡觉。

自我管理箴言

大家都知道饮食不健康会引发可怕的病症，但往往忽略饭后的一些小习惯，殊不知，这些不起眼的生活陋习，很有可能成为你健康的致命"杀手"。青少年一定要改掉这些不良的习惯。

远离身边的劣质奶制品

很多劣质奶制品在其外在特征上就暴露出了自己的马脚。因此，在选购的时候，一定要注意鉴别。

1. 鉴别奶制品的总要求

（1）购买信誉好的奶制品，最好是知名企业生产的奶制品。

（2）在选购奶制品时一定要注意查看有关生产日期、保质期、厂名、厂址、营养成分表等项目的标签、标志是否齐全，如果不全，最好不买。

（3）看冲泡过程。质量好的奶粉没有结块，呈乳白色，喝到嘴里奶香味浓。而质量不好的奶粉冲不开，喝到嘴里无奶味或味道差。如果冲泡过后的奶粉是糨糊状，说明其中含有很多的淀粉。

2. 鉴别鲜牛奶的基本要求

（1）观。新鲜的牛奶呈淡青色、乳白色或淡黄色，新鲜牛奶凝块稠密、结实、均匀、无气泡，有少量乳清在表面。

（2）闻。新鲜的牛奶含有糖分和挥发性脂肪酸，所以带有甜味和清纯的乳酸味。

3. 鉴别酸奶的基本要求

先查看说明，看是否有添加剂。方法是：把牛奶搁在无油的塑料碗里面，买一包酸奶放在里面当种子，盖上盖，然后放在开着的电视上慢慢升温。如果发现奶上面是奶豆腐，下面是奶清液，说明添加剂的含量比较少。

4. 如何鉴别全脂奶粉和脱脂奶粉

奶粉分为两种，即全脂奶粉和脱脂奶粉，奶粉是将鲜牛奶通过消毒、浓缩、干燥等工艺制成。通常来说，好奶粉呈黄色或淡黄色的粉状，且颗粒均匀一致，无结块、无异味。劣质奶粉有酸臭味，容易结块，开水

拒绝食用劣质奶品

冲泡不易溶解，并有小颗粒凝块。所以，好奶粉和坏奶粉是很好鉴别的。

自我管理箴言

牛奶的营养价值比较高，所以被很多青少年所认可，认为其是饮食中必备的食品。但是，一些商家为了牟取暴利，在牛奶中添加了一些对人体有害的成分，严重危害了青少年的身体健康。所以，在选择奶制品的时候一定要仔细选择，避免出现上当受骗的情况。

安全知识小课堂

学习购买安全食品

第一课：如何选购水果

1. 梨

梨的质量鉴定一般分为品种鉴别和品种质量的鉴别两个方面。品种优劣

的鉴别主要看品种的优良性状。凡好的品种（如京白梨、南果梨、鸭梨、长把梨、苍溪梨、大黄梨、巴梨、茄梨）一般具有以下特点：

果皮细、薄、有光泽；果肉脆嫩，汁多味甜，果心小；香味浓。

同一品种品质的鉴定，主要是观外表。以果实大小适当、果形完整、无病虫害、果皮平滑、花萼凹陷、色泽好的果为佳。

2. 苹果

苹果的鉴定是以鉴别果实成熟度、有无机械伤及病虫害程度为鉴定目的。苹果成熟度主要从形态、色泽、软硬度、甜酸风味等方面进行。一般方法以感官凭经验来判断其优劣。其要求是：色泽鲜艳，香味浓郁，风味适口，果形端正，即所谓"色、香、味、形"四大检验点。果形以无畸形、光滑、无刺伤、无硬伤、肉质绵软、坚实为佳，通过手测软硬和掂估重量，看其肉质的松密，并由口尝甜酸滋味做出判别。

3. 桃

桃的品质鉴别，应根据品种产地、上市时间，再应用观察、剥皮、尝味等具体方法进行鉴别。

学会辨别好坏水果

观察：即果形部分鉴别。包括果形大小，形状特征，底色和彩色的程度等方面。以果个大小适当、形状端正、色泽漂亮者为上品。

剥皮：即果肉部分鉴别，包括果皮是否容易剥开，肉色及近核处颜色，肉质软硬和纤维多少等项。以皮薄易剥、肉色纯净、粗纤维少、肉质柔软者为上品。

尝味：即风味部分鉴别。包括液汁的多少，甜酸程度，香味的浓淡等。以汁多、甜多酸少、气味香浓者为佳品。

4. 柑橘

品种的优劣，主要取决于该品种特有的色、香、味。凡色泽鲜艳、香气浓、甜味足或甜酸适口、汁多、化渣的，属优；反之皮色暗淡、无香气、酸多汁少者为劣。

对同品种的质量鉴别应从果形、果色、果面、果汁、风味等方面进行。果形端正；果色应基本转黄或橙红、鲜红，局部微带绿色；果面应清洁、光亮；果汁含糖量在 10% 以上，含酸在 1% 左右，有香气，无苦味者为上品。整齐，青子、瘪子、裂果混杂的质量就差。

尝风味：肉质嫩脆且无韧性感觉，果浆多而浓，甜味足，酸味少，带有香味者为上品。反之，肉质韧性似"橡皮圈"，甜少酸多的则为下品。

5. 樱桃

樱桃以色泽鲜艳，粒大均匀，核小，味甜多汁，肉质软糯，离核；无残果，无青品，无烂品；无熟软，无裂皮，无渗水者为优良。

6. 草莓

草莓以外观和风味来鉴别品质优劣。凡果形整齐，颗粒大，色泽鲜艳，汁液多，香气浓，甜酸适口者为佳品。

7. 荔枝

荔枝以鲜为贵。以色泽鲜艳，个大核小，肉厚质嫩，汁多味甜，富有香气者为上品。

第二课：怎样选购鸡蛋

当然，在选购鸡蛋时，最关键的是怎样从外形千篇一律的鸡蛋中区别出鲜蛋、陈蛋和坏蛋。一般来说主要有以下几种简单的方法：

1. 看

用眼睛观察蛋的外观形状、色泽、清洁程度。质量较好的鲜蛋，蛋壳清洁、完整、无光泽，壳上有一层白霜，色泽鲜明。稍差的鲜蛋，蛋壳有裂纹、蛋壳破损、蛋清外溢或壳外有轻度霉斑等。更次一些的鲜蛋，蛋壳发暗，壳表破碎且破口较大，蛋清大部分流出。不新鲜的鸡蛋，蛋壳表面的粉霜脱落、壳色油亮，呈乌灰色或暗黑色，有油样浸出，有较多或较大的霉斑。

2. 听

将鸡蛋夹于两指之间，靠近耳边轻轻地摇晃，若声音实而贴蛋壳是好蛋；有空洞之声的蛋，空头蛋可能较大。

3. 嗅

可以用嘴向蛋壳上轻轻哈一口热气，然后用鼻子嗅其气味。质量佳的鸡蛋有轻微的生石灰味。而质量次一点的有轻微的生石灰味或轻度霉味。劣质鸡蛋则有霉味、酸味、臭味等不好闻的气味。

4. 用盐水浸

由于新鲜鸡蛋较重，而陈蛋、坏蛋依次较轻，故可配成浓度10%左右的盐水将鸡蛋放入盐水中观察，鲜蛋沉底。大头朝上、小头朝下、半沉半浮的是陈蛋，而坏蛋、臭蛋则浮于盐水表面。

第三章　交通安全——远离交通事故带来的危害

　　为了确保交通安全、维护交通秩序，人们必须要做到遵守道路交通安全法律法规。现在，人们的经济收入越来越丰厚，生活水平越来越高，但是幸福指数却一直被交通事故所干扰。井然有序的道路交通环境和富裕的物质生活一样，都是人们所需要的。如果大家都能遵守交通法规，那么社会将会更加和谐。我国目前还普遍存在着很多交通混乱的现象，所以对于青少年来说，从小拥有安全意识，能够帮助你远离交通事故的伤害。

乘坐火车的安全警告

火车是我们经常乘坐的交通工具之一，像假期旅游、去外地求学、到外地亲戚或同学家中做客等，都经常乘坐火车。火车行驶在铁轨上，相对迅速而且平稳、安全，是众多交通工具中比较舒适的一种。虽然乘坐火车一般来说都很安全，但也不排除有意外情况出现。火车速度快，体重又大，一旦出现事故，将比普通交通事故更加严重。所以，我们更要了解关于火车的一些安全常识。

1. 注意事项

乘火车时，无论是在站台等车，还是已经登上火车，都要注意避免发生意外事故。

火车是我们经常乘坐的交通工具之一

（1）候车、坐车要谨慎。首先，进站上车应该通过天桥或地道，不能穿行铁道，更不能钻爬火车。候车时要站在安全白线内，等火车停稳了再排队上车。因为火车的速度很快，进站时带起的风很容易把人卷入站台下，所以站得太近是非常危险的。上火车时不要翻爬车窗进入车厢，以免车窗滑落砸伤自己。

进入车厢后，要赶快找到自己的位置坐下，不要在车厢内穿行打闹。当火车开动时，不要跟送行的人握手或递东西，注意把自己的行李物品放稳放好。不要到车厢连接处玩耍，那里很容易发生被连接板夹伤、挤伤的事故。

有些人在列车行进中，喜欢把手、脚、头伸出窗外，其实这是一种非常危险的行为，因为很容易被车窗卡住或被外面的东西撞伤，火车的速度快，一旦撞上东西，后果将非常严重。在列车上如果需要打开水，记得不要灌得太满，以防车子震动使水溅出来烫伤自己。使用后的废弃物，也不要随手扔到车窗外，因为这样既有违公共道德，又容易砸伤铁路两旁的行人。

（2）乘车途中不要大意。乘坐火车不比其他车辆，通常需要的时间会比较长，因此在车上需要注意的事情也比较多。当火车在中途靠站时，最好不要趁机下车购买东西或散步什么的。如果下车，也要记清开车时间，免得错过开车时间而发生漏乘。万一漏乘了，不要着急，赶紧找车站工作人员寻求帮助，不要自作主张追赶、攀爬已启动的火车，以免发生不必要的危险。

如果在卧铺睡觉，最好将头朝向过道，这样既安全又能呼吸到新鲜空气。不要让头朝向车窗睡，因为车轮的震波和噪声有碍大脑健康，如果遇到紧急刹车引起剧烈颠簸，头会被碰伤。如果是睡在中、上铺，注意要将车上的安全皮带挂好，防止睡觉时掉下来摔伤。

可能很多人都不知道，现在许多火车都改为封闭式列车，这种火车相对而言比较容易燃烧，而且一旦着火，很难扑救，一节车厢可能在短短的几分钟内就化为灰烬。因此，千万不要在列车上玩火，更不能携带易燃易爆物品上车。这些危险行为，不仅会将灾难带给他人，同样会害了自己。

2. 火车着火后如何自救

火车着火是一种很严重的事故，有些火车是很易燃的，一旦着火就很难扑救。车厢着火后，由于火车本身的速度很快，火势也会因此变得凶猛异常，

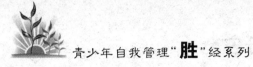

无法阻挡。一旦乘坐的火车发生火灾事故，切记要沉着、冷静，准确判断，然后采取最适合的措施逃生，绝不能惊慌失措、盲目乱跑或坐以待毙。

（1）通知列车员让火车迅速停下来。如果乘坐的火车着火了，我们首先要做到的就是冷静，千万不能盲目跳车。着火的火车会因为高速行驶而使火势越来越大，火车在行驶当中，车上的人也没有办法下车避难或采取措施灭火。因此一旦火车上发生火灾，最好的解决办法就是让火车停下来。作为一个青少年，由于受到年龄和力量上的限制，所以最好的选择就是迅速通知列车员停车灭火避难，或者是迅速冲到车厢两头的车门后侧，用力向下扳动紧急制动阀手柄，使列车尽快停下来。

（2）在乘务员疏导下有序逃离。运行中的火车发生火灾后，列车乘务人员会紧急引导被困人员通过各车厢互连通道逃离火场。这时候应该积极配合乘务人员的工作，有序地逃离火场。如果条件允许，可以尽可能地帮助他人一起离开，或者协助乘务人员对其他人展开救助。需要记住的一点是，在火灾发生时，被烟熏的危险也很大。如果可以，就尽量帮助大人一起将车门和车窗全部打开，使大家可以呼吸新鲜的空气。

如果起火车厢内的火势不大，列车乘务人员就会告诉乘客不要开启车厢门窗，以免大量的新鲜空气进入后，加速火势的扩大蔓延。同时，他们会组织乘客利用列车上的灭火器材扑救火灾，并引导被困人员从车厢的前后门疏散到相邻的车厢。这时候作为乘客要做的就是听从乘务人员的安排，有序撤离。如果车厢内浓烟弥漫，要采取低姿行走的方式逃离到车厢外或相邻的车厢。

（3）利用车厢前后门和窗户逃生。火车每节车厢内都有一条长约20米、宽约80厘米的人行通道，车厢两头有通往相邻车厢的手动门或自动门，当某一节车厢内发生火灾时，这些通道是我们可以利用的主要逃生通道。火灾发生的时候，应该尽快利用车厢两头的通道，有秩序地逃离火灾现场。千万不要惊慌失措，相互推挤，否则只会造成阻塞，使所有人都逃不出去。而且在慌乱之中，人群可能会发生相互践踏的惨剧。

另外，在发生火灾情况下，可以用铁锤等坚硬的物品将窗户的玻璃砸破，通过窗户逃离火灾现场。但这种方式只用于比较紧急的情况，如果火势很小，听从乘务人员的安排或自行有序地离开车厢就可以了。

自我管理箴言

　　乘火车是一种很不错的出行方式，一般来说都是很安全的，但是由于火车运行速度比较快，从列车进入人的视线到行驶至面前，只需短短的几秒钟，往往来不及躲闪，因而极易造成交通事故。对于青少年来说一定要把安全谨记于心。

放学路上注意安全

　　人们在行走时经常会忽视一些注意事项。有的同学就要问了："不就是走路吗，哪有什么注意事项？"其实，想要安全地行走在路上，要注意的事项有很多，如：走路时要专心，不看书、不和同伴打闹、不生气等，倘若疏忽大意，就有可能造成坠井、撞车和摔伤的情况。青少年有喜欢成群结队走路的习惯，这都是存在安全隐患的。

过马路时，不要打闹

　　学生在上学和放学路上的交通安全问题，一直是学校和家长十分关注的问题，每所学校都不遗余力地开展了形式多样的学生安全教育，但学生们自身的安全意识还有待提高。

　　为了自身安全，每位同学在行走时必须注意以下几点安全常识：

（1）在路上横穿有交通步行信号灯的道路时，应做到红灯停、绿灯行、黄灯等，严格遵守交通法规。同学们要注意指挥灯的信号：绿灯亮时，准许行人通行；黄灯亮时，不准行人通行，但已进入人行横道的行人，可以继续通行；红灯亮时，不准行人通行；黄灯闪烁时，行人须在确保安全的原则下通行。当信号灯变绿，同学们准备横穿马路时，首先应该看清左右来往的车辆，然后再过马路。在信号灯要改变时，绝对不要抢行，应该等待下一个绿色信号灯亮时再前行。

（2）横穿没有交通信号灯的公路或街道时，为了防止驾驶员反应不过来而发生交通事故，同学们要走人行横道，杜绝斜穿猛跑，注意避让过往的车辆，不要在车辆临近时抢行或者突然间跑过。其实，不管有没有红绿灯，在过马路时，同学们都应该先看有没有车驶来，不要在车临近时猛跑；在车多和容易发生交通事故的路段，交通部门还在马路中间设置了护栏，有些同学不想绕路，所以经常跨越栏杆横穿马路，这样做是十分危险的。

（3）在走路时，同学们不要东张西望，不能边走路边看书，即使是和亲朋好友聊天，也应该时刻注意观察路面的情况，以免被路面上的障碍物如石头、砖块等绊倒。更不允许在公路上踢球、溜旱冰等，也不准追逐打闹。同学们应该在人行横道内行走，没有人行横道的马路就要靠右边行走；有人行过街天桥或地道的，须走人行过街天桥或地道；不准在道路上扒车、追车、强行拦车或抛物击车。

（4）在遇到特殊天气之时，同学们更要特别注意交通安全。在下雨时，不管是穿雨衣或打伞，都要将雨具的角度调整好，不要让其挡住自己的视线，遇到积水，最好绕着走。在冬季下雪时，由于天气寒冷，道路会结冰，同学们走在路上很容易滑倒，因此在行走时最好穿上防滑的胶鞋，行走的速度也不宜太快，身体重心应该尽量放低一些。同时，由于道路比较滑，汽车驾驶中往往容易出现刹车侧滑、掉头失控的状况，所以同学们应该尽量距离行车道远一些。在下雾天气，道路上的能见度会受到影响，同学们在雾天走路之时要慢而专注，以免被路障绊倒或者掉入沟渠里。另外，在夜间走路时，同学们还要集中精力，尽量选择自己熟悉的线路，并坚持行走在道路的右侧，同时还要注意前方道路情况，特别要注意施工后的土坑、未盖井盖的下水道等，防止跌入其中之后造成伤害。同学们也不要因为路上的车少、人少而放松警惕，甚至在马路的中央逗留，要知道，司机在晚上的行车速度往往比白天要快，也更容易因为疲倦而疏忽安全，一旦被车辆撞到，后果将不堪设想。

（5）尽量不要单独外出，最好要结伴而行。在偏远僻静的城乡胡同、林间小道或山间小路上，不要单独行走；不要搭陌生人的车，不要给陌生人带路，特别是女生，更应加以注意。

在行路时，同学们不要向他人炫耀自己随身携带的贵重物品和现金，更不要轻信他人的花言巧语，谨防上当受骗或遭遇抢劫。如果遇到打架斗殴、出现事故或围观人群比较多的情况时，不要因为好奇心的驱使而逗留观看。

路遇老弱病残者、负重者、孕妇等行走困难的人，应该让他们先走或自己绕开选择其他路线。特别是在"狭路相逢"的情况下，更要注意这一点，不能以强凌弱，抢道行走。走到人群拥挤之处，要有秩序地通过。

在拥挤中，既不要撞了他人或踩了他人的脚，也不要让自己受到他人的伤害。如果因为不小心而撞了他人或踩了他人的脚，要主动向对方道歉，承认自己的错误，取得他人的谅解。如果他人踩了你的脚或碰掉了你所带的物品，也千万不能发怒，更不要大声斥责对方，而应当心平气和地说："请您慢一点儿，别太着急。"这样，不仅显示出了你的礼貌和涵养，还能避免将矛盾激化，减少争吵或打闹等不愉快、不安全事件的出现。

自我管理箴言

在路上行走时，同学们一定要注意自身的安全问题，并且自觉遵守交通法规，时刻注意交通安全。

发生空难怎样逃生

空难，指飞机等在飞行中发生故障、遭遇自然灾害或其他意外事故所造成的灾难。是由于不可抗拒的原因或人为因素造成的飞机失事，并由此带来灾难性的人员伤亡和财产损失。

在空难发生后，要保持冷静，必须听从机务人员的指挥，不要乱喊乱叫，使恐惧情绪蔓延，也不要四处乱跑，否则会出现逃生口被堵死或是踩踏情况，那么逃生希望就会更加渺茫了。

就算情况非常危急，也要做到有序逃生。通常在飞机起飞前，乘务人员就会给乘客讲解怎样逃生，安全出口在什么地方等，这时作为乘客，一定要注意听讲，把乘务人员的话记牢。突发紧急状况时，要从距离自己最近的安全出口处逃生，在逃生过程中要避开烟、火等。

不要认为飞机一坠毁就没有生存的希望了，有很多人都是在飞机坠毁后逃生的，所以要坚信自己能够活下去。在飞机坠毁以后，倘若出现烟和火，就证明乘客必须要在两分钟内进行逃离，时间非常短暂，所以要抓紧时间。倘若飞机是坠毁在陆地上，逃离的距离要在飞机残骸200米以外的地方。当然，也不要逃得太远，否则救援人员很难寻找到你。要是飞机坠毁在海面上，这时乘客就要尽全力游着离开飞机残骸，游得越远越好，因为坠落后的飞机残骸，很有可能会发生爆炸，但也有可能沉入

空难事故现场

水底，在飞机沉入水底时残骸会带动海水形成一个旋涡，如果你离得很近的话很容易被吸进去。

如果飞机紧急迫降成功，正常情况下人们可以从滑梯撤离，在撤离时的姿势应该是手轻握拳头，将双手交叉抱臂或是双臂平举，然后再从舱内跳出来。落在梯内时，双腿和后脚跟要紧贴梯面，这时手臂的姿势保持不变，最后弯腰收腹直到滑落梯底，再迅速站起跑开。

不管是发生怎样的航空器飞行事故，都有可能对地面设施、公共安全、社会稳定、环境保护等造成不同程度的影响。这时地面人员也要采取一系列措施。

在知晓事故发生以后，必须要第一时间报告当地公安部门，报告内容要清晰，包括事故发生的时间与地点，以及所了解到的情况等，最后将报告者的姓名与联系方式交代清楚。同时，要在确保自身安全的情况下，尽量对事故中幸存的人及时进行救助，还要注意对事故的现场进行保护。

相对于目击者来说，当你把报告及时上报以后，如果情况不允许你上前营救，就要等待专业的救援人员来，但是在这个过程中一定不要捡拾飞机残骸和空难后所撒落在周围的物品。这不但会给调查人员带来不必要的麻烦，同时还是一件不道德的事情。很多情况下，目击者都是能够帮助事故调查人员进行空难调查取证的，作为目击者来说，也有这个义务，这样，不仅能够让逝者和逝者的家属得到一个合理的解释，还能够让后人以前车为鉴，避免此类事故的发生。目击者可以通过讲述、照片和录像等资料来为调查人员提供帮助。

当然，每个人都不愿意空难发生在自己的身上，人们要做的就是预知事情，并且要做到很好的预防，这样，即使真的发生空难了，也要有心理准备，并且做出相应的应对措施。

（1）不要和家人分开。当你和家人共同搭乘飞机出去旅行时，最好坐在一起。因为如果真的遇到空难了，你们坐在了机舱中的不同地方，那么在逃生的时候，家人们会本能地想要先聚到一起再共同逃生，这样一定会浪费很多时间，是非常危险的。空难不同于其他灾难，对于空难来说，时间极为宝贵，通常要精确到秒，所以坐在一起能够让你们更快地逃离。

（2）学会快速又正确地解安全带。同学们一定要知道，我们在车上所系的安全带和飞机座位上的安全带是不一样的，因此，在飞机起飞之前需要学会正确地系、解安全带的方法，如果遇到了紧急事件也不至于受到不必要的伤害。如果在飞机上出现了更糟糕的空难，在逃生的时候倘若你解不开安全带或是解开速度非常慢，那么逃生的时间就逐渐流逝了。

（3）知道逃生口的位置。通常情况下，空难幸存者在逃生时要走的平均距离大约为7排座位，因此，如果乘客要是能够选择在这个范围内的座位会更好一些。当然，不是每次购买机票的座位都会是你希望的位置，因为有很多客观原因的影响。但是不管你坐在哪里，都应该在落座后就数一下自己的位置距离最近的两个逃生口到底有多远，这样在黑暗中摸索出口时心里也会有数。

（4）背朝飞行方向。一般民用飞机的座位都是面向前的，而在军事飞机上，座位的安排常常是面向后的。如果你可以选择和飞行方向相反的方向的位置是很好的，这样的位置在发生空难时相对会更加安全一些。

（5）戴上防烟头罩。倘若飞机发生了空难，并引起了火苗，那么在飞机失事的瞬间，肯定会面对大火和烟雾。飞机失事后产生的烟雾里是含有毒气体的，如果过多吸入，能够导致中毒昏迷，吸入更多的话就能直接导致死亡。为了防范这种事情的发生，乘客可以在旅行的时候准备一个防烟头罩，在出现危急情况时把它戴上。速度一定要快，要及时。

 自我管理箴言

　　飞机是世界上速度最快的交通工具，可以使乘客在很短的时间内到达目的地。也正因为如此，飞机成了现代社会不可或缺的交通工具。有的同学受到了一些空难事件的影响，对飞机有一种错误的认识，以为它非常不安全，极容易出现交通事故。事实上，在所有的交通工具里面，飞机的事故发生率是最低的。

骑自行车上学注意安全

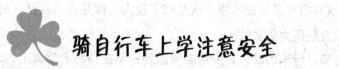

目前在我国，自行车是很多人的交通工具。骑自行车也成为中学生们喜爱的一种交通方式和运动方式。随着骑自行车人数的增加，自行车肇事率也在上升，许多骑车的学生成为自行车车祸的制造者或受害者。所以，青少年骑自行车时，必须时刻警惕，严守交通规则。

自行车几乎伴随着青少年的整个成长过程，自行车是青少年的亲密伙伴，因此安全性显得特别重要。骑自行车必须注意和遵守的是：

（1）在划分机动车道和非机动车道的道路上，自行车应在非机动车道行驶。没有划分车道的道路，自行车应靠右边行驶。

（2）自行车的车闸、车铃要齐全有效，平时注意检查、维修、保养。

（3）自行车拐弯前要放慢速度，向后瞭望，伸手示意，不准突然猛拐，不要任意超车，不要在车流中横冲直撞。不要双手离把，不与同行的骑车人勾肩搭背，或是手攀机动车辆，也不要手中持物。

（4）不要逆行，最好不要骑车带人，不要载重物或体积较大之物。

（5）学车或练车时，要在无人无车的空地上进行。有些男同学喜欢在路沿路坎或崎岖的山路上练习山地车，这时要注意不可妨碍路人，也要小心保护自己。

造成中学生自行车车祸的原因，主要是平时缺乏教育，安全意识淡薄，

骑车上学要注意安全

不遵守交通规则。平时我们常可以见到，一些青少年在马路上骑"飞车"，横穿马路、强行超车、嬉戏打闹、骑车带人，等等。他们自我表现意识较强，把自行车当作施展"才华"、表演"技能"的道具，互相追逐，互相"逼车"。这样很容易造成车祸，或是伤了他人，或是害了自己。所以，加强安全意识教育是极为重要的。

在骑自行车的时候青少年必须做到：不在马路上学骑车。未满 12 周岁的儿童，不准在道路上骑自行车、三轮车与推拉人力车。骑自行车要遵守交通法规，不可以走机动车道。在没有划分中心线和机动车、非机动车道的道路上，要靠右边行驶。行驶中不蛇行，不闯红灯。行经交叉路口时须注意转弯来车，同时要伸手示意减速慢行。要经常检查车铃、车闸能否正常使用。

自我管理箴言

青少年一定要明白：骑自行车千万不可攀附车辆行驶。带人带物要遵守当地交通部门的规定。千万不可在马路上表演车技，如双手离把、追逐赛车或相互别车。骑车时不可一手打伞，一手扶把。

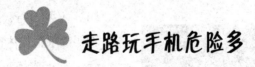 走路玩手机危险多

如果你回家需要坐公交车，在站台等车的时候，也要多多注意自己周围的人。不要太过专注于打电话或是发短信，不然就无法注意到旁边的人，而且这种做法还十分容易被他人偷听电话内容泄露了个人的隐私。如果这种信息攸关自己的声誉，还有遭受到他人的侮辱或敲诈的可能。

1. 边走边打电话易被抢劫

在马路上边走边打电话的人，往往十分容易被人抢劫。在一般的情况下，人们在打电话的时候，基本上没有什么防备之心。因此，如果你的电话实在是非常重要，必须要打的话，最好还是停下来，找一个倚墙而立的地方打电话。

2. 珍惜生命，拒绝走路打电话

在走路的时候打电话或发短信，很容易使人分心，因为这样撞到汽车或电线杆而进医院的案例不在少数。这种情况造成的后果，一般都是脑震荡、踝关节扭伤，严重者甚至危及生命。

无法否认的是，一边走一边打电话的情况，通常都是迫不得已才发生的。如电话的另一头可能是你的爸爸、妈妈或是爷爷、奶奶，他们担心你或是问一下你当时的某些情况，然而，即便如此，也千万不要拿生命和健康开玩笑，一定要学会珍惜生命。

3. 边走边打电话增强辐射

经过研究发现，大部分人在使用手机的时候都存有一些误区，其中最重要的就是打电话时喜欢走来走去，或是在角落里接听电话等。这样频繁地移动位置往往会造成手机信号产生强弱起伏的情况，致使手机不停地向发射站

珍惜生命，拒绝走路玩手机

传送无线电波，从而加大了手机的辐射量。同样一个道理，当你在角落里打电话的时候，也会因为信号比较差而使手机功率加大，这样出现的辐射强度也必然会增大，让你受到更强的辐射。

假如你想在走路的时候打电话或是听音乐，一定要注意周围的环境，也就是说，观察周围有没有可疑的人物。如果马虎大意的话，就很有可能被抢电话或背包。为了不让犯罪分子有可乘之机，为了自己的身心健康，最好不要在走路时玩手机。

自我管理箴言

　　为了自身安全，过马路时请不要只顾"低头"看手机，而要抬头看路，注意来往车辆。希望有走路玩手机习惯的青少年，一定要改掉这个坏习惯。

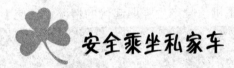

安全乘坐私家车

现在生活条件好了，越来越多的家庭都有了私家车，青少年乘车时一定要注意安全，防止不必要的事故发生。

1. 上车安全

（1）上车前提醒父母检查车况。检查车轮胎、制动系统、转向系统、喇叭和灯光等。

（2）不要坐在副驾驶的位置，副驾驶的位置对于青少年来说很危险。在行驶途中，如果遇到急刹车，由于青少年的控制能力差，很容易受伤，甚至有可能撞得头破血流。如果车上装有安全气囊，那么，小孩坐在副驾驶座位

乘车时，不能把头和手伸出窗外

上最致命的杀手便是安全气囊。安全气囊能够在关键时刻救司机一命，但换成小孩，就会成为"杀手"，安全气囊瞬间弹开的张力能把小孩稚嫩的颈椎击碎。

（3）为确保行驶安全，12岁以下的孩子必须坐在后排。

（4）如果条件允许，要求父母去超市或汽配城买专为儿童设计制造的安全座椅。

（5）如果自己力气不够，请父母帮忙开车门。多数车的车门有两段式开合设计，不会一下子就完全关上，但这是专为成人设计的，主要目的是为了避免下车时一下子就把车门推到全开而碰到行人。然而，如果力气小，车门开启时推不到位，就会微微回弹，这对于身单力薄的小学生来说，很有可能夹伤手指。

（6）上车要系好安全带。这样可以减少出现意外风险的概率。

2. 行车途中安全

（1）上车坐稳后，在车内保持安静，不要打扰父母开车。

（2）在车内不要跟父母聊天、谈笑等，以免分散他们的注意力。如果父母有在车上聊天的爱好，要及时提醒他们安心开车。

（3）不要在行车时游戏、打闹，防止磕碰。

（4）不要在行车时吃零食，如果冻、糖果等，防止噎着。

（5）行车时不要随便开车门，提醒父母开车前上安全锁。

（6）不要将头、手臂伸出窗外，防止受伤。

3. 下车安全

（1）下车前要看好路面是否有坑、石头等，防止下车时摔倒。

（2）下车前特别要注意过往行人、车辆，看清楚没有危险后再下车。

（3）如果自己力气不够大，请父母帮助开车门，不要逞强。

坐车时要系好安全带

4. 停车场安全

（1）不要私自去停车场，防止遇到坏人。

（2）不要乱动停车场的消防等安全设备。

（3）在停车场尤其要注意来往车辆，防止撞伤。

自我管理箴言

　　现在，私家车越来越多，驾车出行已经成为一种时尚和趋势。但是，不管是乘私家车上学，还是出门游玩，安全永远要放在第一位。安全乘车，安全出行，安全回家。

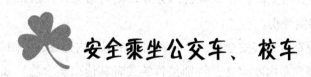

安全乘坐公交车、校车

近些年，青少年发生交通事故的例子屡见不鲜。学生们搭乘公交车、校车时，如果不注意保护自己，就会出现挤伤、碰伤、摔伤等事故。

那么，应如何避免这种事故的发生呢？

1. 乘车前的注意事项

（1）青少年乘坐公交车、校车时，应该在指定位置依次排队候车，不得在站台上或马路上奔跑嬉闹。

（2）当车辆到站时，等车辆停稳后先下后上，不得争先恐后、互相推拉，不得在汽车未停稳前抢上抢下。

（3）上车前先看清公共汽车是哪一路，因为往往是好几路公共汽车停靠同一个站台，慌忙上车，容易乘错车。

（4）当看到车内过于拥挤的时候，不要继续往车上挤，可以等待下一班车。如果乘坐的公交车即将开走，不要沿着车身上前追赶，以防摔倒发生危险。

（5）乘坐两侧有门的私人校车时，开关车门不得妨碍其他车辆和行人通行，在机动车道上不得从机动车左侧上下车。

（6）乘车前应检查自己是否携带烟花、爆竹等易燃易爆物品。如果有这些物品，应该及时交给老师或者扔进垃圾桶里，以免上车后出现意外。

2. 乘车时的注意事项

（1）上车后不要挤在车门边，往里边走，见空处站稳。要抓紧车上的扶手，以免紧急刹车或拥挤时摔倒或车门突然打开时被甩出车门外。

（2）有座位时，不要把头、手、胳膊伸出窗外，以免被来往车辆或路边的树枝等刮伤；也不要向车窗外乱扔杂物，以免伤及他人。没有座位时，不要站在车门旁。站立时，要双脚自然分开，侧向站立，握紧扶手，以免车辆紧急刹车时摔倒受伤。

（3）坐校车时系好安全带，不要和同学在车厢内追逐、打闹。

（4）不要在车内吃零食，特别是竹签或者其他串类食物，如羊肉串、糖葫芦等。

（5）乘车时，不要看书、掏耳朵等，以防车辆转弯和停靠时，注意力不集中而来不及站稳发生危险。

3. 下车后的注意事项

（1）车要到站时应该做好提前下车的准备，下车时不要急，要带好自己的随身物品，等车停稳后按顺序下车。

（2）在下车前，要仔细看好左右是否有通行的车辆，千万不能急急忙忙下车，以免被两边的车撞倒。更不要与其他学生互相推挤着下车。

（3）下车后不要急于从自己所乘车辆的前面或后面过马路，等车驶出一段距离后再过马路，或者原地等待老师、家长来接。

自我管理箴言

　　公交车已经成为青少年上学和放学回家的主要交通工具。但青少年毕竟是弱势群体，身材弱小加上安全意识淡薄，常常导致青少年受到不必要的伤害。其实只要遵守交通规则和注意安全就不会发生意外。

交通事故法律常识

现在，人们的经济收入越来越丰厚，生活水平越来越高，但是幸福指数却一直被交通事故所干扰。因此，如果大家都能遵守交通法规，那么社会将会更加和谐。我国目前普遍存在着很多交通混乱的现象，所以对青少年来说，掌握一定的交通事故法律常识是很重要的。

案例一：出车祸致中考落榜谁负责

上海青浦区品学兼优的初中学生贺某骑车去参加中考，途中被一辆闯红灯的出租车撞伤致贺某忍痛参加考试，最终未能考上高中。后鉴定贺某的伤势为十级伤残。事后，贺某将出租车司机告上法庭。

律师说法：《道路交通安全法实施条例》第三十八条第三款规定："机动车信号灯和非机动车信号灯表示……（三）红灯亮时，禁止车辆通行……"最高人民法院《关于审理人身损害赔偿案件适用法律若干问题的解释》第十七条规定，"受害人遭受人身损害，因就医治疗支出的各项费用以及因误工减少的收入，包括医疗费、误工

不要在马路上运动

费、护理费、交通费、住宿费、住院伙食补助费、必要的营养费，赔偿义务人应当予以赔偿。"

"受害人因伤致残的，其因增加生活上需要所支出的必要费用以及因丧失劳动能力导致的收入损失。包括残疾赔偿金、残疾辅助器具费、被扶养人生活费，以及因康复护理、继续治疗实际发生的必要的康复费、护理费、后续治疗费，赔偿义务人也应当予以赔偿……"

最高人民法院《关于确定民事侵权精神损害赔偿责任若干问题的解释》第八条规定："因侵权致人精神损害，但未造成严重后果，受害人请求赔偿精神损害的，一般不予支持，人民法院可以根据情形判令侵权人停止侵害、恢复名誉、消除影响、赔礼道歉。"

第十条规定："精神损害的赔偿数额根据以下因素确定：（一）侵权人的过错程度，法律另有规定的除外；（二）侵害的手段、场合、行为方式等具体情节；（三）侵权行为所造成的后果；（四）侵权人的获利情况；（五）侵权人承担责任的经济能力；（六）受诉法院所在地平均生活水平。法律、行政法规对残疾赔偿金、死亡赔偿金等有明确规定的，适用法律、行政法规的规定。"

在本案中，贺某被闯红灯的出租车撞伤并因此被鉴定为十级伤残。出租车违反了《道路交通安全法实施条例》第三十八条第三款规定：对贺某的损害应当承担赔偿责任。关于损害金额的认定，可依最高人民法院《关于审理人身损害赔偿案件适用法律若干问题的解释》第十七条规定加以确定。另外，何某由于本次事故而影响了其在中考中的发挥，并且最终未能考上高中。对此肇事出租应当承担精神损害赔偿的责任。

因此，法院判令"肇事方赔偿贺某各项损失 5.2 万元"，以及"肇事方还要赔偿贺某精神抚慰金 5000 元"是合理合法的。

案例二：滑旱冰过马路撞伤行人的后果

某小学四年级学生蓓蓓（11 周岁）在完成家庭作业后，换上自己心爱的旱冰鞋来到小区里玩。但是由于小区里玩耍的孩子很多，蓓蓓觉得不够尽兴，于是准备到附近的广场玩。由于距离广场不是很远，蓓蓓既没有要求父母送也没有乘公交车，而是直接滑着旱冰鞋过去。快到广场时需要过马路，蓓蓓想反正一下子就过去了，于是横穿马路。此时正好赶上骑着自行车回家的王女士，蓓蓓来不及躲避，将王女士撞倒在地，造成王女士身上多处软组织挫伤，膝盖流血不止。经交警认定，事故是由于蓓蓓横穿马路导致，蓓蓓的家长应承担此次事故的全部责任。

律师说法：我们鼓励未成年学生多参加体育活动，促进身心全面发展。但是未成年学生在运动时，也要选择专门的运动场地，不要在公共活动场所或者人群密集的地方玩耍，否则极易发生危险。

第一，法律允许行人在马路上滑旱冰吗？

滑旱冰是当下一项时尚的运动，很多未成年学生甚至成年人都热衷于滑旱冰。由于旱冰具有速度快、较灵活的特点，应该选择在空旷的场地或广场上来进行。可现实生活中，也有很多未成年学生觉得自己玩得不错，有足够的控制能力，在马路上来回避让车辆行人才够刺激。于是我们经常看到在马路上有单个甚至成群结队的"刷街"族，给交通安全带来了极大的隐患。

根据《道路交通安全法实施条例》第七十四条第（一）项的规定，行人不得在道路上使用滑板、旱冰鞋等滑行工具。这就说明法律不允许行人在马路上滑旱冰。希望未成年学生牢牢记住，如果看到同学、朋友在马路上滑旱冰，要及时劝告制止。

第二，在马路上滑旱冰造成他人伤害应承担怎样的责任？

根据《侵权责任法》第三十二条的规定，无民事行为能力人、限制民事行为能力人造成他人损害的，由监护人承担侵权责任。什么是无民事行为能力人和限制民事行为能力人呢？通俗地讲，未满10周岁的儿童是无民事行为能力人，10周岁以上未满18周岁的是限制民事行为能力人。如案例中的蓓蓓，今年11周岁，因此是限制民事行为人。什么是监护人？《民法通则》第十六条第一款规定，未成年人的父母是未成年人的监护人。所谓监护人，就是指未成年学生的父母。因此，如果滑旱冰撞伤他人，自然是由学生的父母来承担责任。

案例三：校园内发生车祸谁负责

暑假期间，某市实验中学组织即将升上初三的学生来校进行补课，提前备战来年中考。而该校同时利用暑假期间，请来某建筑施工队对该校的老礼

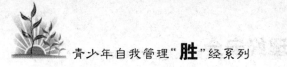

堂进行整修。一日课间，来校补课的学生小林穿过操场前往校内商店买冷饮，恰巧施工队的一辆货车运送建筑材料进校，在操场上车速仍然较快，司机发现小林在车前不远处行走时惊慌失措，欲踩刹车而误踩了油门，小林躲闪不及被撞倒在地，经抢救无效，一条年轻的生命就此消逝。祸不单行，小林的同班同学小郑课间在礼堂附近玩耍，不慎被脚手架上掉落的砖块砸中头部，昏迷不醒。送至医院急救后暂时脱离危险，但有可能造成脑震荡等一系列后遗症。

在事故调查中发现，肇事的司机是施工队的一名工人，本身并无驾驶执照，甚至就连该施工队也没有合格的建筑工程施工资格。该施工队在施工过程中，工地上的建筑材料堆放不符合安全标准，周围也没有安全警示。在校的学生经常三三两两经过工地附近，通过对学生的询问发现，学校平时并未对学生进行交通安全教育，许多学生都表示，没有想到学校里也会发生交通事故。校方坚持认为，小林和小郑出事是由于施工队的过错造成的，学校方面并无过错，不应当承担损害赔偿责任。小林和小郑的家长向法院提起了诉讼，他们能够胜诉吗？

律师说法：在实际生活当中，未成年学生在校期间发生的各种事故屡见不鲜，学校是否应对这些事故承担损害赔偿责任主要看学校是否存在过错。学校组织学生参加教育教学活动或者校外活动，未对学生进行相应的安全教育，亦未在可预见的范围内采取必要的安全措施，造成学生伤害事故的，学校应当依法承担相应的责任。由此可见，在本案中，对于小林和小郑发生的事故，校方负有不可推卸的责任。

第一，《未成年人保护法》第二十条规定："学校应当与未成年学生的父母或者其他监护人互相配合，保证未成年学生的睡眠、娱乐和体育锻炼时间，不得加重其学习负担。"国家教育部门也规定学校不得额外增加学生的课时与作业负担，不得占用假期进行补课，而该中学为提高中考升学率，在暑假期间进行补习，违反了相关规定，对此学校有过错。

第二，校内建筑施工，学校应对聘用的施工队是否具有相应的资质进行检查，对于施工场所，应采取充分的安全隔离措施，防止学生接近危险的工地。而在本案中，不仅施工队不具备合格的资质，而且驾驶车辆的司机没有相应执照；运送建筑材料的车辆在学生必经的操场穿行，校方也未进行合理的保护，施工场地更是有学生常常经过，这些均应在学校的注意范围内，而学校没有采取足够的合理措施来避免可能发生的危害结果，对事故显然具有过错。

第三，学校的过错还体现在没有对学生进行充分的安全教育。《小学管理规程》第五十三条规定："小学应加强学校安全工作，因地制宜地开展安全教育，培养师生自救自护能力。凡组织学生参加的文体活动、社会实践、郊游、劳动等均应采取妥善预防措施，保障师生安全。"《中小学幼儿园安全管理办法》中的第五章"安全教育"更是对该问题做出了详细具体的规定，如：学校应当按照国家课程标准和地方课程设置要求，将安全教育纳入教学内容，对学生开展安全教育，培养学生的安全意识，提高学生的自我防护能力；学校应当在开学初、放假前，有针对性地对学生集中开展安全教育。

新生入校后，学校应当帮助学生及时了解相关的学校安全制度和安全规定；学校应当对学生开展安全防范教育，使学生掌握基本的自我保护技能，应对不法侵害；学校应当对学生开展交通安全教育，使学生掌握基本的交通规则和行为规范。而在上述的案例中，学校平时并未对学生进行过交通安全教育，没有履行应尽的职责。

案例四：学生乘坐出租车受伤怎么办

某市第一中学初三学生王强（化名）放学后乘坐出租车回家。不想在行至某路口处，出租车司机牛师傅为避让行人，撞到路中心护栏上，坐在出租车副驾驶位置的王强由于惯性，头部撞到挡风玻璃上，造成轻微脑震荡。经交警部门认定，此次事故由出租车驾驶员牛师傅承担全部责任。后王强被送入医院治疗，住院两个星期。王强的母亲请假护理王强，被单位扣除两周工资。

律师说法：随着社会的发展，出租车成为我们日常出行重要的交通工具。由于出租车具有方便快捷的特点，很多未成年学生也会经常乘坐出租车。在此需要提醒各位学生在享受出租车带来的方便的同时，也应该注意乘车安全，好让学校和家长放心。

第一，未成年学生乘坐出租车出行应注意哪些安全问题呢？

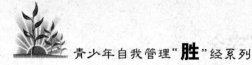

大家在打车时，通常都会站在马路边上，看到无人乘坐的出租车到来时，招手致意，车就会在身边停下，上车坐好后，由司机载到目的地，下车时按计价器显示的金额付费。到这时，乘坐出租车的过程全部完成，既简单又方便。

既然乘坐出租车是由出租车司机来负责驾驶，并且乘车人也支付了相应的乘车费用，那么在乘坐出租车时，未成年学生是否就可以高枕无忧无须考虑自身的安全问题呢？答案是否定的。具体来讲，大家应该注意以下几个问题：一是乘车时要选择安全的座位，尽量选择后排位置。如果因为视野开阔而喜欢坐在副驾驶座位上，一定要记住系好安全带。二是乘车时尽量避免吃东西，尤其不要吃质地坚硬的东西，更不要在车上做出挖耳朵、剔牙这样的举动，因为一旦司机急刹车，这样做很容易发生危险。三是尽量避免和司机讲话。和司机聊天容易分散司机的注意力。四是下车时要记得索要发票，发票是乘车证明。还要带好自己的随身物品。

第二，如果未成年学生乘坐出租车受到伤害责任由谁来承担？

如果未成年学生在乘坐出租车时，由于司机的原因导致自己受伤，那么，医疗费是否可以要求出租车司机来赔偿？根据我国《侵权责任法》第三十四条第一款的规定，出租车司机在运送乘客的过程中造成乘客受伤，由出租车公司承担责任。如果未成年学生在乘车中受伤，可以直接要求出租车公司赔偿。如果出租车公司拒不承担赔偿责任，未成年学生的父母可以向人民法院提起诉讼。在赔偿范围的确定上，可以根据我国《侵权责任法》第十六条的规定，要求出租车公司赔偿医疗费、护理费、交通费等为治疗和康复支出的合理费用，以及因误工减少的收入。如案例中王强的母亲就可以要求出租车公司支付王强治疗花费的医疗费、自己因护理儿子而被单位扣除的工资以及交通费等其他合理费用。

案例五：未成年人造成交通事故谁负责

杨柳今年16岁，刚上高中，他对汽车特别感兴趣，后来跟哥哥学会了开车，因为年龄不够不能考驾照，所以父母从不让他开车上路。一个周末，他趁父母不在家，偷偷把车开出来，去找同学玩儿，因为开车技术不是很熟练，结果在路上将一个老大爷撞伤，老大爷一看还是个孩子，不知道该找谁来赔偿自己的医药费等相关费用。

律师说法：依国家法律规定，18周岁以下属于未成年人。其中18周岁以下、10周岁以上的未成年人属于限制民事行为能力人，年龄再小的或者是精神智力有障碍的都属于无行为能力人，这些人都由其监护人承担民事责任。

我国考驾照的最低年龄为18周岁，因此未成年人造成的交通事故需要由其父母（没有父母的，则由其他合法监护人）承担赔偿责任。如果该未成年人的父母（或其他合法监护人）尽到了监护责任，应适当减轻其民事责任。

本案中，杨柳16岁，属于未成年人，对于其造成的交通事故，应当由其父母承担相应的赔偿责任。

自我管理箴言

　　在来去匆匆、节奏加快的现代生活中，出行交通融入了更多的现代元素。然而，通行之路却因各种原因成为生命的杀手，威胁着人的生命。青少年应树立法制观念，遵守出行交通规则，同时，要多学习一些交通法律常识。

安全知识小课堂

学习交通小常识

第一课：学习交通信号灯

交通信号灯由红灯、绿灯、黄灯组成。红灯表示禁止通行，绿灯表示准许通行，黄灯表示警示。交通信号灯可分为指挥灯、车道灯和人行横道灯等灯色信号。具体有机动车信号灯、非机动车信号灯、人行横道信号灯、车道信号灯、方向指示信号灯、闪光警告信号灯、道路与铁路平面交叉道口信号灯等。

1. 指挥灯信号

指挥灯信号包括绿灯亮、绿色箭头灯亮、黄灯亮、黄灯闪烁和红灯亮五种显示方式。设置样式有水平式和垂直式两种，指挥灯的形式有圆形灯和箭头灯两种。

（1）绿灯亮——准许通行信号。绿灯亮时，面对绿灯的车辆、行人均直行，也可左转弯、右转弯。但转弯的车辆不准妨碍直行的车辆和被放行的行人通行。

（2）黄灯亮——预备停止信号。黄灯亮，是绿灯将要变红灯的过渡信号，此时不准车辆、行人通行，但已越过停止线的车辆和已经进入人行横道的行人，可继续通行。未进入停止线的，一律不准闯黄灯。但对于各方右转弯的车辆和T形路口右边无横道的直行车辆，在不妨碍被放行的车辆和行人通行的情况下，可以通行。

（3）红灯亮——禁止通行信号。红灯亮时，不准车辆、行人通行，但对于右转弯的车辆和T形路口右边无横道的直行车辆，在不妨碍被放行的车辆和行人通行的情况下，可以通行。

（4）绿色箭头灯亮——按规定方向通行信号。绿色箭头灯亮时，准许车辆按箭头所示方向通行。此时，无论三色灯哪个灯亮，车辆都可以按箭头所指的方向行驶。

交通信号灯

（5）黄灯闪烁——警告信号。黄灯闪烁是在夜间、车流量很小的情况下使用，以提醒驾驶人和行人注意前方有交叉路口。黄灯闪烁时，车辆、行人须在确保安全的原则下通过。

2. 车道灯信号

车道灯信号由绿色箭头灯和红色叉形灯组成，设在可变车道上。绿色箭头灯亮时，准许面对箭头灯的车辆进入绿色箭头所指的车道内通行。红色叉形灯亮时，不准面对红色叉形灯的车辆进入红色叉形灯下方的车道通行。设置车道灯的目的，是为了提前提示驾驶人前方车道能否通行。如不能通行，须驶入绿色箭头灯下方的车道通行，以免造成交通堵塞。在通过公路收费站时，都能看到车道灯信号。

3. 人行横道灯信号

人行横道灯信号由红、绿两色灯组成，上红下绿，在红灯镜面上有一个站立的黑色人形象，在绿灯镜面上有一个行走的黑色人形象。设在车辆和人流繁忙的重要交叉路口的人行横道两端，灯头面向车行道，与道路中心线垂直，并与交通指挥信号系统相联系，与自动控制信号灯的开放灯色是一致的。

人行横道灯使用规定是：绿灯亮时，准许行人通过人行横道；绿灯闪烁时，行人不准进入人行横道，但已进入人行横道的，可以继续通行；红灯亮时，行人不准进入人行横道。路段中间的人行横道，可视实际需要设置行人按钮式的人行横道信号灯，车辆如遇行人要求横过车行道时应让其优先通过。

第二课：学习判断伤者伤情的方法

一般先判断伤者神志是否清醒。通常做法是大声呼唤或轻轻摇动病人身体，观察是否有反应。神志尚清醒的伤者在呼唤和轻轻推动时会睁眼或有其他反应。伤者如无反应，则表明神志丧失，已陷入危重状态。伤者突然间倒地，然后呼之不应，情况也很严重，需积极救护。

（1）检查病人的瞳孔反应。当发现病人脑部受伤、脑出血、严重药物中毒时，瞳孔可能缩小为针尖大小，也可能扩大到黑眼球边缘，对光线无反应或反应迟钝，有时因为出现脑水肿或脑疝使双眼瞳孔一大一小。瞳孔的变化提示了脑病变的严重性。当病人的瞳孔逐渐放大并固定不动，对光反射消失时，表明病人已陷入"临床死亡状态"。

（2）检查呼吸活动。当病人已处于十分衰竭、危重、呼吸很微弱的状况时，则胸部起伏不易觉察，此时可以用棉花絮丝或纸条等放在病人鼻孔前，观察棉絮或纸条是否飘动，以判定呼吸是否正常。发现呼吸已停止，应立即施行人工呼吸。

（3）检查心跳、脉搏。严重的心脏急症（如：急性心肌梗死、心律失常等）以及严重的创伤、大失血等急病危及生命时，病人心跳或加快，每分钟超过 100 次；或变慢，每分钟 40～50 次；或不规则，忽快忽慢，忽强忽弱。当心跳出现以上这些情况时，往往是心脏呼救的信号，应特别引起重视。

第三课：学习如何救治车祸伤者

（1）救治伤者的先后次序依次为：昏迷伤者，并且没有呼吸；大量出血者；昏迷而仍有呼吸的人。

（2）对伤者进行全面评估，观察伤者有无呼吸、颈动脉和桡动脉（手腕上的）是否搏动、神志是否清醒。

（3）不管伤者神志是否清醒，也不管其他任何条件，不要轻易搬动伤者，以防加重损伤。不过，要是伤者身处险境，如附近的汽车着火，或因伤者躺在漏出的汽油上，要把伤者移到安全的地方。

（4）检查伤者呼吸道是否通畅，并解开束着颈部的衣物。替伤者轻轻盖上毯子或外衣保暖。

（5）如果呼吸停止，脉搏摸不到，可进行胸外按压，即按压心脏，同时进行人工呼吸。

（6）如果伤者有大动脉出血，可以使用压迫止血法，即按压出血处进行止血。

（7）不要给伤者食物或饮料。甜的热茶只许给受惊过度的人喝，至于伤者或休克的人则不宜饮用。

（8）巡查周围，看看有没有人被抛出车外或倒卧在远处。安慰惊慌失措的人，告之救护人员正在赶来。

第四章　消防安全——日常生活谨防火灾发生

　　了解关于火的基本知识，懂得怎么安全利用它，知道生活中的火灾隐患，学会如何从火灾威胁之下逃生，对于同学们来说非常重要！只有了解了这些，我们才能够真正成为火的主宰者，让它为我们服务而不会被它伤害！亲爱的同学们，下面就让我们一起来揭开火的神秘面纱吧！

注意生活用火安全

有很多幸福的家庭由于缺乏防火防灾的意识,被突如其来的火灾事故毁于一旦,甚至家破人亡。

因此,家庭防火,保证安全,势在必行。重点要做到以下几方面:

(1)增强人们的防火安全意识,注重防火、防爆,保障家庭安全,积极实践《居民消防安全守则》。

(2)对消防安全知识进行科普。尽可能地让每个人都了解一定的消防安全常识,懂得一些基本的防火灭火措施。比如,如果家里有少量汽油,首先

火灾现场

应该了解汽油的性质和其防火方法，如果发生火灾应怎样扑灭，怎样防止火势蔓延等；再如，住在楼房中的家庭，在火灾发生时应怎样逃生，日常生活中应做好哪些应急准备等。

（3）室内装修需要由持有装修资格证的施工人员来担任，装修一定要严格按照防火安全的规定，尽可能地不用或少用易燃、易爆材料。在不得不使用的情况下，必须在材料表面涂刷防火涂料或防火漆。

（4）室内配电线路的铺设工作，需要由持有电工操作合格证的人员担任，要严格按照安全防火要求选择电线的规格、型号。室内不可铺设裸线、不可乱拉乱接临时线等。灯具和开关等电器的安装一定要遵循安全防火的规定。

（5）必须选择符合国家标准的家用电器和燃气器具，安装也必须遵循防火安全要求，使用时一定要按照说明书中标注的使用方法，出现故障应及时检修或申报相关部门派人检修，不应"带病"运行。

（6）防火报警装置必不可少。火灾及早被发现，是保证人们生命财产安全的关键保障之一。特别是在晚上，由于人们处于睡眠状态，火灾突发无法被及时发现。因此，在房间里安装感烟、感光火灾报警器就十分必要了。除此之外，使用煤气、天然气等燃料气的家庭，需要在厨房中安装可燃气体报警器，一旦出现火情，该装置就可以立刻鸣笛报警，通知家庭成员及时采取相应措施。

（7）需要配备小型灭火器。在火灾初始阶段，人们可以利用家用小型灭火器迅速有效地进行灭火，既不会损坏物品，还能迅速将火扑灭。像消防器材厂生产的家用小型灭火器材——"灭火棒""灭火灵"等，都可以用来灭火。

（8）必要时，防火阻燃制品也是阻止火势蔓延的重要工具。像防火地毯、耐火板等，能够在很大程度上去除隐患。另外，一些家庭防火涂料、防火漆和存放贵重物品的保险箱等也可以成为灭火的重要工具。

（9）定期进行防火检查。家用电器、燃料气以及易燃液体过多的家庭，需要对这些设备进行定期防火检查，观察其用电量是否超负荷，燃气灶具设备有无损坏，电线布设是否符合规范，电线是否老化，电器设备安装使用是否正确，储存易燃液体的容器有无破漏，等等。通过检查可及早发现和排除火险隐患。

（10）对于一些已经过了规定使用年限的电线、家用电器等，不可以再继续使用，应立即报废更新。

自我管理箴言

　　火灾的发生原因多种多样，青少年在家的时间比较多，家庭安全得以保障是青少年健康、快乐成长的关键。每一个青少年都应该了解家庭失火的原因，只有这样才能更好地预防，才能减少火灾对青少年的伤害。

 # 不同场所的逃生办法

　　随着我国经济的迅速发展，我国的公共场所在不断地增多。但是在公共场所发展的同时，由于防火设施没有得到及时落实，导致公共场所火灾不断发生。这不但造成了巨大的经济损失，而且造成了重大的人员伤亡。因此，当你身处公共场所时掌握一定的防火、灭火常识非常必要。

1. 大型体育场馆火灾逃生方法

　　现代大型体育场馆共享空间特别大，功能相当齐全，电气系统也非常复杂。在举办体育盛事之时，人员高度集中，这就给体育场馆的消防提出了更高的要求，同时也要求前来观看比赛的观众掌握必要的逃生方法，以防万一。

　　大型体育场馆属于人员高度密集场所，虽然其内部结构与其他人员密集场所有所不同，但其逃生方法与其他人员密集场所也有相似之处。下面介绍大型体育场馆火灾逃生时应注意的问题和可行的逃生方法。

（1）记住出口位置。进入出口时，记住出口的方向，以便发生突发性事故时能有序逃离。

（2）时刻警惕。在尽情观看比赛的同时，也不要忘了时刻注意安全。如果发现有不明的烟气或者火光出现，应立即设法逃生，千万不要对其置之不理。

（3）沉着镇静。应在发现火灾之后，立即离开座位，寻找最近出口设法逃生。

（4）不盲目从众。不要盲目跟随他人一窝蜂似的拥上去，那样可能会被踩伤或者因人多而来不及疏散，导致受伤或死亡。

（5）注意防烟。大型体育场馆空间高度较高，蓄烟量较大。但靠近顶层的座位可能很快就会被烟气淹没，所以，位于这些位置的观众应特别注意防烟。

（6）切忌重返。逃离出口后，切忌重返，以免再次进入危险区，应立即通知相关部门或有序撤离。

2. 地铁发生火灾如何逃生

（1）要有逃生的意识。乘客进入地铁后，一定要对其内部设施和结构布局进行观察，熟记疏散通道安全出口的位置。

（2）要及时报警。可以利用自己的手机拨打"119"，也可以按下地铁列车车厢内的紧急报警按钮。

（3）要做到灭火自救。

（4）如果火势蔓延，乘客无法进行灭火自救，这个时候应保护好自己，进行有序地逃生。应将社会弱势人群先行疏散至安全的车厢。

（5）逃生时，应采取低姿势前进，不要做深呼吸，可能的情况下用湿衣服或毛巾捂住口和鼻

火灾逃生演练

子，防止烟雾进入呼吸道。

（6）在逃生过程中要保持镇定，不要盲目地相互拥挤和乱窜，要听从地铁工作人员的指挥和引导。

（7）司机应尽快打开车门疏散人员，若车门开启不了，乘客可利用身边的物品打碎车门。

3. 娱乐场所发生火灾怎么逃生

公共娱乐场所人员较多，建筑较为复杂，可燃材料使用多，如果发生火灾必将导致极大的危害。这就要求在火场中的人们应保持沉着，并掌握自救的方法。

（1）逃生时一定要冷静。保持清醒的头脑，学会辨别安全出口的方向，并恰当地采取紧急避险措施，才能减少人员伤亡。

（2）积极寻找各种逃生方法。在发生火灾时，寻找安全出口并快速逃生是人们应有的第一反应。需要注意的是，因为大部分娱乐场所通常只有一个安全出口，在逃生时，人们蜂拥而出，安全出口会很快被堵住，人们难以顺利逃离火场，此时我们需要做的是尽量避免盲目从众，放弃从安全出口逃生，果断选择破窗或其他方法。如果娱乐场所是在二层或三层，人员可以用手抓住窗台往下滑，尽可能地降低降落距离，并且要保持双脚先着地。如果娱乐场所在高层楼房中，发生火灾时，应选择疏散通道和疏散楼梯等逃生。假如以上逃生方法均被火焰和浓烟包围，我们还可以选择下水管道或窗户逃生。通过窗户逃生时，一定要用窗帘或地毯等卷成长条，系为安全绳，然后滑绳自救，千万别急于跳楼，以免发生不必要的伤亡。

（3）寻找避难场所。如果高层建筑中的娱乐场所发生火灾事故，并且没有安全的逃生通道，短时间内又无法找到辅助救生设施，被困人员就只能暂时逃向火势较轻的地方，向窗外发出救援信号，等待消防人员营救。

（4）互相救助逃生。在娱乐场所进行娱乐活动的年轻人所占比例较大，因此身体素质从整体上来说较好，可以互相救助脱离火场。

（5）在逃生过程中要防止中毒。因为娱乐场所四周以及顶部都有很多塑料、纤维等物，火灾发生时，便会产生有毒气体。所以，在逃生过程中，应尽可能地减少大声呼喊，以防烟雾进入口腔，最合理的做法是用水打湿衣服捂住口腔和鼻孔，如果短时间内无法找到水源，可以用饮料来代替，并采用低姿行走或匍匐爬行的方法，以减少烟气对人体的伤害。

4. 影剧院失火如何逃生

影剧院里都设有消防疏散通道，并装有门灯、壁灯、脚灯等应急照明设备。用红底白字标有"太平门""出口处"或"非常出口""紧急出口"等指示标志。发生火灾后，逃生人员应按照这些应急照明指示设施所指引的方向迅速选择人流量较小的疏散通道撤离。

（1）当舞台发生火灾时，火灾蔓延的主要方向是观众厅，厅内不能及时疏散的人员，要尽量靠近放映厅的一端寻找时机进行逃生。

（2）当观众厅发生火灾时，火灾蔓延的主要方向是舞台，其次是放映厅。逃生人员可利用舞台、放映厅和观众厅的各个出入口迅速疏散。

（3）当放映厅发生火灾时，由于火势对观众厅的威胁不大，逃生人员可以利用舞台和观众厅的各个出入口进行疏散。

（4）发生火灾时，楼上的观众可从疏散门由楼梯向外疏散。楼梯如果被烟雾阻隔，在火势不大时，可以从火中冲出去，虽然人可能会受点伤，但可避免生命危险。此外，还可就地取材，利用窗帘等自制救生器材，开辟疏散通道。

自我管理箴言

面对突如其来的火灾，有的人在万分惊恐中奔逃，不讲方法，甚至不辨东西南北。这样做的后果是浪费了宝贵的逃生时间，贻误了最佳逃生时机，从而造成了本该避免的人员伤亡，加重了火灾灾情，对家庭和社会都造成了不利影响。所以，在火灾来临之际，应该保持一个冷静的头脑，选择正确的方法及时展开自救。

火灾中错误的逃生行为

火灾发生时，人们常常由于慌乱而判断失误，因而在火场逃生的时候，选择的方法不正确，出现一些错误行为，致使错过最佳逃生机会，造成不必要的人员伤亡。

某日下午 4 时 15 分左右，有一栋 4 层民房着火，有一个叫吴浩翔的 9 岁小男孩当时被困在三楼。火灾发生的时候，他正独自在三楼看电视，房子着火后，二楼和四楼火势很猛，房间里全是浓烟。这个机智的男孩没有惊慌失措，也没有大哭大叫，而是沉着思索逃生方法。他没有硬往楼下冲，也没有慌忙跳楼，而是仔细观察了周围的情况，想到在学校里老师教的火灾逃生方法，还有消防员叔叔爬梯子、溜绳子的情景，他就打开窗户，爬到外面的空调机室外机上，打开隔壁窗户，跳到隔壁人家，成功自救。

看来，正确的逃生方法才能为自己赢来逃生的机会，任何在火灾中慌乱、错误的行为，都是火场逃生法则的大忌。在火场中，常见的错误行为有如下五种：

1. 原路脱险

这是人们最常见的火灾逃生模式。因为，一旦发生火灾，人们总是习惯按着熟悉的出入口和楼道进行逃生，当发现此路已经被封死，无路可走时，才被迫去寻找其他出入口，这样，往往会失去最佳逃生的时间。所以，当我们进入一座新的大楼或者宾馆时，

在火场中，切忌原路脱险

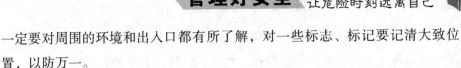

一定要对周围的环境和出入口都有所了解，对一些标志、标记要记清大致位置，以防万一。

2. 向光朝亮

在危急的情况下，由于人的本能、心理、生理等因素，人们总是向着有光、明亮的方向逃生。光和亮象征着生存的希望，它能为逃生者指明方向和道路，避免因看不清方向而瞎摸乱闯以致贻误逃生。在这个时候的火场中，95%的可能是电源已经被切断或者已经发生短路、跳闸等，光亮之处正是火魔肆虐的地方，有光亮的地方反而是最危险的地方。所以，一旦判断电路已经发生短路，那么就可以断定光亮之处是应该远离的地方，千万不要误判，把自己送到"火口"。

3. 盲目追随

人们在面临生命威胁时，很容易因惊慌失措而失去正常的判断思维能力，当听到或者看到有什么人在前面跑动时，第一反应就是盲目紧紧跟随其后。常见的盲目追随行为有跳窗、跳楼、逃进厕所、逃进浴室等。只要前面有人这么做，追随者就会毫不犹豫地紧随其后。这样做的结果，只会为自己带来更大的危险。克服盲目追随的方法是平时要多学习消防安全知识，掌握自救与逃生的正确方法，发生火灾时自己能够做到临危不惧、不被火灾所吓倒，能够冷静分析火势、灾情，能够找到逃生的办法，能够很好地运用消防安全知识开展有效自救，避免事到临头没有主见而盲目追随别人。

4. 自高向下

当高楼大厦发生火灾，特别是高层建筑一旦失火，人们总是习惯性地认为：火是从下面往上着的，越高越危险，越下越安全，只有尽快逃到一层，跑出室外，才有生的希望。殊不知，这时的下层可能是一片火海，盲目地朝楼下逃生，就是自投火海、自取灭亡。随着消防装备现代化的不断提高，在发生火灾时，有条件的可登上房顶等待救援或者在房间内采取有效的防烟、防火措施开展有效自救，为自己赢得获救的时间，争得生存的机会。

5. 冒险跳楼

人们在开始发现火灾时，会习惯性地立即做出第一反应。这时的反应大多还是比较理智的分析与判断。但是，当选择的路线逃生失败，发现判断失误而逃生之路又被大火封死，火势愈来愈大、烟雾愈来愈浓时，许多人就开始失去理智，采取冒险的方式跳窗、跳楼。这样做等于把自己置于死地。许多高楼远远高于人的适跳高度——7～8米的高度，尤其在高层的人们，如果选择盲目跳楼，无异于自寻死路。所以，不管怎么样，要尽量另寻出路，不能盲目跳楼。

自我管理箴言

在火灾面前，我们应该保持清醒的头脑，利用自己所掌握的消防知识寻找恰当的逃生方法，这样才能够正确地开展自救，避免如上所述的习惯性错误行为，为自己赢得救援机会，争取成功脱离险境。

被火困在楼梯如何脱险

在发生火灾时，楼梯是主要的逃生通道。我们往往可以趁火情并不严重的时候用湿毛巾或衣物捂住口鼻，弯腰低头通过楼梯冲出火场，甚至可以沿着墙壁匍匐爬出建筑。这些都是大家很容易想得到的办法，很多人在火灾来临时，也确实都是遵从这种逃生方法离开着火建筑的。不过这要满足一个前提，就是火势不大，楼梯仍可通行。一旦火势不可控制，楼道已经被浓烟和火苗充满的时候，这些办法就不再起作用了。

在楼梯无法通行时，分两种情况：一是被困在室内；二是被困在走廊里。以下我们分别进行说明。

当我们被困在室内时，首先不要急于开门逃出，而是要先通过检查门把

在发生火灾时，楼梯是主要的逃生通道

手或门板的热度，或者将门开一道小缝来判断是否有机会从楼道里逃生。如果判断结果是从楼道无法冲出，则要用到以下办法：

先将房门牢牢锁住，并用衣物等将门缝塞住，防止走廊内浓烟飘进屋内。向房门浇冷水降温，努力把火势挡在屋外，在屋内等待救援。同时要切断房间内的一切电源，不要打破玻璃，如果窗户外面空气较清新，则开窗通风；如外面的浓烟很大，则要关紧窗户，防止烟雾从窗户飘进来。

在屋内等待救援的同时，也要做一些其他准备，以防救援不能及时到达时，可以进行有效的自救。当发现等待救援无望，千万不可感觉绝望而跳楼，这样反而会造成无谓的伤亡。

首先，可利用绳索逃生。在屋内找到一条结实的长绳，长度就算不能到达地面，也要尽可能接近地面。将绳的一端牢牢固定在窗户旁边，两手握紧，两脚夹住绳索，手脚并用直接向下滑。年轻力壮的，在手脚并用的同时，可两手交替向下滑。如时间来得及，可戴上手套或缠上毛巾、布块等物品保护手心，以免手受伤。在这个过程中不要过分紧张，以免抓得不紧，从高处掉落摔伤。当屋内没有现成的绳索可供使用时，可以利用被单、衣物结绳逃生。把床单、被套撕成条形或把衣物拧成麻花状，一件一件接起来，将结绳一头紧拴在窗框、铁栏杆等固定物上，用毛巾、布块等物品保护手心，抓住连接好的长绳往下滑。利用绳索或自制绳索逃生，是室内逃生的最有效办法。

其次，还可利用排水管逃生。窗户外侧，通常会有下雨时引流的排水管，如果排水管在窗外附近，要小心从窗户探出身去，两手抓紧、两脚夹住排水管，手脚并用向下移动。但在此过程中要注意察看管道是否牢固，防止人体攀附上去后断裂脱落造成伤亡。较老的建筑，一般排水管与楼体外墙的连接不会很牢固，所以在滑下前先要用手摇晃一下，看看能否禁得住自己身体的重量。

　　除此之外，住在顶楼的人还可以利用天窗逃生。可通过天窗爬上房顶，向下发出求救信号，等待救援。也可通过毗邻的建筑物安全疏散逃生。屋内有阳台的也可利用阳台、毗邻平台逃生。如果屋外的阳台和其他阳台的距离不远，紧急情况下可通过阳台爬到隔壁安全处逃生，或通过窗口转移到下层的平台逃生。另外，也可从突出的墙边、墙裙和相连接的阳台等部位转移到安全区域。

　　利用脚手架、雨棚等设施逃生也是方法之一。如发生火灾的建筑物周围有脚手架、雨棚等可以攀爬的地方，只要能够暂时躲避火势，均可用以安全逃生。只是在此过程中一定要注意安全，无论是阳台还是雨棚或脚手架，都是在室外，尤其是楼层较高时，尽量小心，不要失足掉落，不要选择站在不结实的地方。

　　当我们被困在走廊里时，首先要清楚判断起火的地点是在上方还是在下方，如着火的地方在所处位置之下，则可选择向上跑或者进入临近的未着火房间内躲避并呼救求援，或是用室内逃生的方法逃生。如向上跑，最好的选择是楼房的屋顶或天台。如果着火点在所处位置之上，则要利用火势发展规律逃生。尽可能躲进临近的安全房间固守待援，如火灾发生的楼层较高，楼梯已烧断，跳下有生命危险时，应及时向通道的上风向逃离，同时关闭靠近火势蔓延方向的门窗，等待救援。

自我管理箴言

　　发生火灾时，逃生通道被火封锁而无法通行并不可怕，只要保持冷静，利用身边一切能利用的设施，使用正确的逃生方法，就一定能安全逃离火场。

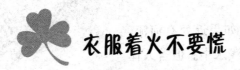

衣服着火不要慌

在日常生活中，有时会发生身上的衣服着火的情况，因为人的衣服材料多是棉、麻等易燃材料，所以很多原因都可以造成身上的衣服着火。

身上的衣服着火后，常出现这样一些情形：有的人皮肤被火灼痛，于是惊慌失措，撒腿便跑，谁知越跑火烧得越大；有的人发现自己身上着了火，吓得大喊大叫，胡乱扑打，反而使火越扑越旺。上述情形说明，身上衣服着火后，既不能奔跑，也不能扑打，是因为人奔跑或者扑打反而加快了空气对流而促进燃烧，火势会更加猛烈。跑，不但不能灭火，反而将火种带到别的地方，有可能扩大火势，这是很危险的。

正确、有效的处理方法如下：

（1）当人身上穿着几件衣服时，火一下是烧不到皮肤的，此时，应将着火的外衣迅速脱下来。有纽扣的衣服可用双手抓住左右衣襟猛力撕扯将衣服脱下，不能像往日那样一个一个地解纽扣，因为时间来不及。如果穿的是拉链衫，则要迅速拉开拉锁将衣服脱下。然后立即用脚踩灭衣服上的火苗。

（2）如果穿的是单衣，着火后就有可能被烧伤。如果发现得及时，且脱掉衣服很容易，就应该立即脱掉着火的衣服。如果身上的衣物不方便立即脱掉，当胸前衣服着火时，应迅速趴在地上；背后衣服着火时，应躺在地上；前后衣服都着火时，则应在地上来回滚动，利用身体隔绝空气，覆盖火焰，压灭火苗。但在地上滚动的速度不能因为怕烧伤而过快，否则火也不容易压灭。

（3）在家里，使用被褥、毯子或麻袋等物灭火，效果既好又及时。灭火时只要将这些物品拉开后遮盖在身上，然后迅速趴在地上，火焰便会立刻熄灭；当然，如果旁边正好有水，也可用水浇。还要注意，不能因身上着火，一时慌乱而靠近电源，否则会造成二次伤害。

（4）在野外，如果近处有河流、池塘，可迅速跳入浅水中。但若人体已被烧伤，而且创面皮肤上已烧破时，则不宜跳入水中。切忌用灭火器直接

衣服着火，千万不要奔跑

向着火人身上喷射，因为这样做既容易造成伤者窒息，又容易因灭火器的药剂而引起烧伤的创口产生感染。

（5）如果有两个以上的人在场，未着火的人需要镇定、沉着，立即用随手可以拿到的被褥、衣服、扫把等朝着火人身上的火点覆盖，或帮他撕下衣服，或用湿麻袋、毛毯把着火人包裹起来。

自我管理箴言

　　从这么多的应对方法可以看出，身上的衣服着火并不可怕，只要冷静应对、方法正确，一定可以及时将火扑灭，不会造成大的伤害。

学校宿舍如何防火

　　宿舍内物品堆放杂乱，且多数都是易燃物品，如果不小心，非常容易引起火灾。因此，平时同学们应该有意识地预防宿舍火灾事故，切实做到以下几点：

（1）不在宿舍内私自接拉电线。因为电线、插头和插座多重连接，非常容易出现接触不良或者短路而产生火花，这时如遇到可燃物，就会发生火灾。

（2）不在宿舍内违反学校规定使用大功率电热器，比如电暖风、电磁炉、热得快等。这些电热器都是靠电阻值较大的材料发热来获得热量，耗电量比较高，如果使用的电线不配套，通电以后很容易导致电线过载发热而发生火灾。

（3）不乱扔没有熄灭的火柴、烟头和焚烧着的杂物等。宿舍里容易燃烧的物品一旦与火源接触，就会被引燃起火。

（4）使用电热器之后一定要关掉电源或者拔掉插头。

（5）对于长时间使用的电线、电气设备，要及时进行安全检查和维护、维修。电线、电气设备长期使用容易因绝缘材料老化而漏电、短路，从而引起火灾。

（6）尽量不要在床上点蜡烛照明看书。因为床上的蚊帐、被褥等都非常容易被点燃，一不小心就会引起火灾。

（7）不要私自安装电路保险丝等。私自安装保险丝容易导致电路过载或者有故障时保险丝不能熔断及时切断电源，从而导致电线发热引起火灾。

（8）夏季点蚊香时，要远离被褥。

夏天来了，蚊子猖狂的季节又到了，这时同学们就喜欢用蚊香来驱蚊。其实，一直点燃的蚊香，其中心温度为700℃左右，和一根点燃的香烟差不多。在点燃蚊香时，如果遇到可燃物很容易引发火灾。因此，建议学生尽量不要用蚊香来驱蚊，可以选择蚊帐。如果必须要用蚊香时，一定要注意以下事项，以免引起火灾造成严重后果。

①点燃蚊香时，切记不能靠近

夏季点蚊香时，要远离被褥

被褥、窗帘等可燃物，以免风吹或碰撞使点燃的蚊香碰上可燃物，从而引发火灾。

②点燃蚊香时，必须放在蚊香专用的铁架子上（蚊香内的配套架）。最好再将铁架放在瓷砖或金属器具内，切忌将点燃的蚊香直接放在纸箱或木桌等可燃物上。

③夜间睡觉时点燃蚊香要注意，半夜醒来要时不时地看一下。当离开房间时，一定要将蚊香熄灭。

自我管理箴言

　　校园里人员密集，作为校园人员主体的中小学生，往往是最缺乏逃生避难能力的，一旦发生火灾，很容易造成伤亡。因此，同学们一定要提高警惕，消除火灾隐患，严防校园火灾的发生，以保证自身、老师、同学以及学校设施的安全。

 ## 怎样防止鞭炮炸伤

春节期间，使用烟花爆竹来辞旧岁迎新春，是我们中华民族的传统。然而，随之而来烟花爆竹造成火灾和各种伤害的概率也会加大，血的教训每年都有。

2008年1月，济南市内至少发生四起鞭炮伤人事故，导致5名男童受伤。距离春节虽然还有段时间，但安全燃放烟花爆竹的警钟已经敲响，特别是在农村。

要避免自己受到伤害，首先要充分认识烟花爆竹引起火灾的危害性。

（1）容易造成人员伤亡。烟花爆竹引起的火灾从初起阶段到猛烈阶段，过程非常短，超过人的正常反应时间，因此，若发生烟花爆竹火灾，很短的时间内，会造成人员伤亡。

（2）燃烧产物有毒性。烟花爆竹燃烧、爆炸的产物有 CO、CO_2、H_2S、NO 等，都有一定的毒性，赤磷等燃烧时产生有毒烟雾，危害人身安全，妨碍灭火行动。

（3）农民往往在房前屋后堆放大量的谷草，以作燃料或其他使用。一旦不慎，爆炸的鞭炮可能导致火灾。

烟花爆竹在许多城市已经明令禁止燃放了，但在农村仍然是允许的。在明令禁止的地方，同学们要认真遵守当地的有关法规；在允许燃放的地方，燃放烟花爆竹时应该如何注意安全呢？

（1）儿童燃放烟花爆竹时应该由大人带领。

（2）烟花爆竹应该存放在远离火源的安全地方，不能放在炉火旁。

（3）为了防止发生火灾，严禁在阳台、室内、仓库、场院等地方燃放鞭炮，也不允许在商店、影剧院等公共场所燃放鞭炮。

（4）严禁用鞭炮玩打"火仗"的游戏，这样做很容易伤人。

（5）燃放时，应将鞭炮放在地面上，或者挂在长杆上，不要拿在手里，拿在手里很危险，容易发生伤害。

（6）点燃鞭炮后，若没有炸响，不要急于上前查看，不要捡"瞎炮"。

（7）燃放烟花爆竹，不要横放、斜放，也不要燃放"钻天猴"之类的升空高、射程远的难以控制的品种，以防止引起火灾或炸伤人。

放鞭炮既能取乐，又能伤人。受伤多见于手、面、眼、耳部。如果发生了伤害事故，只能"亡羊补牢"，采取措施。

燃放烟花爆竹造成的伤害类型有：

（1）手伤：轻者伤口小、浅，有少量出血；重者可伤及肌腱、神

青少年要远离烟花爆竹

经、肌肉、骨及关节；更重者手掌手指大部分被炸掉失去原形。

（2）眼伤：轻者伤后多有剧痛、出血、眼中有异物；重者眼球脱出，眼内出血，视物不清或失明。

（3）爆炸性耳聋：轻者双耳听力受损；重者伤后一侧耳或双耳听力下降或听不到声音。

燃放烟花爆竹受伤后的急救措施：

（1）止血：手指伤者包扎止血，高举手指，用消毒纱布包扎伤口。浅表有异物的立即取出。

（2）止痛：服止痛片。眼伤者可点 0.25% 氯霉素眼药水以防感染。一只眼受伤需同时包扎双眼，减少眼球运动。鞭炮的碎屑炸入眼内时，伤者万万不可挤眼、揉眼。

（3）送医院：严重伤者尤其是爆炸性耳聋应速送医院医治。

自我管理箴言

　　每年春节前后，医院都会收治不同程度的鞭炮炸伤患者，提醒青少年学生，不燃放鞭炮，远离燃放鞭炮的区域。

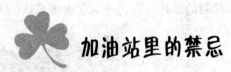

加油站里的禁忌

在加油站我们都能看到这样一种消防标志：一个红色的圆圈里画了一根烟，而香烟上则有一条斜线。根据我们前面对消防标志的介绍，大家可以推断出来，这个标志表示禁止吸烟。你知道为什么加油站禁止吸烟吗？

众所周知，经营易燃易爆品的加油站属于高危行业，"安全第一"是对加油站最基本的要求。而保障安全的重要措施之一就是禁止吸烟。除此之外，加油站常见的安全措施还包括车辆要熄火加油，加油站员工必须穿防静电服装上岗，加油站内严禁明火和使用手机通话，不得向塑料桶内加油等。

加油站里，禁止吸烟

之所以有如此严格的要求，是因为加油站内存放着大量油料，这些油料会随加油枪挥发到空中。加油机上的加油枪在专业术语中称为一个"油气散发点"，而以油气散发点为圆心，半径 4.5 米的圆形区域内油气浓度较高，遇到明火容易产生火花，造成危险。而车辆排放尾气时，有一定的概率会散发火星，点燃的香烟更是直接将明火暴露在空气中，这就是为什么在加油站里要求车辆熄火及禁止吸烟。

手机作为一种无线电通信工具，无线电发射机发射出的无线电波，能使接收无线电的天线产生射频电流。当射频电流在金属导体间环流时，遇有锈蚀或接触不良，就会产生射频火花，只要射频火花持续 1 微秒以上、能量大于 6 毫瓦时，就会引燃甲烷与空气的混合气。由于汽油是易挥发性物质，在油气罐附近形成的可燃气危险区内，手机产生的射频火花很容易引起爆炸，导致灾害的发生。

另外还有一点是，因为手机本身并不具备防爆功能，如果手机使用时间较长或者手机本身质量较差的话，手机内部芯片的电路很容易产生短路现象，这样手机在接听瞬间就能产生少量的火花，从而也会引起加油站爆炸。

加油站是一个公共场所，保证加油站的安全也是保证所有人的安全，为了自己与他人的安全，请大家一定要严格遵守相关规定：

（1）站内严禁烟火。

（2）严禁在加油站内从事可能产生火花的作业。

（3）不准在加油场地检修车辆。

（4）不准敲击铁器和加油设备。

（5）严禁直接向塑料容器内灌装汽油。

（6）严禁在加油现场穿、脱和拍打化纤服装。

（7）所有机动车必须熄火加油。

（8）不得携带危险品进站。

（9）站内不要使用手机。

自我管理箴言

除了加油站，在其他一些存放易燃易爆品的场所，我们也要避免使用明火。比如进入储存烟花爆竹的仓库时，就要绝对禁烟。

 有效的烧伤急救处理

烧伤指各种热水、蒸汽、火焰、化学物质、电流及放射线、酸、碱、磷等作用于人体后，造成特殊性损伤，重者可危及生命。

热力作用于皮肤和黏膜后，不同层次的细胞因蛋白质变性等发生变质、坏死，而后脱落或结痂。强热力则可使皮肤甚至其深部组织炭化。烧伤区及其邻近组织的毛细血管，可发生充血、渗出、血栓形成等变化。

烧伤的判断，主要根据致伤因素、烧伤面积、烧伤深度、烧伤部位、年龄、有无外伤等并发症以及烧伤前的体质状况等因素综合判断、分类。

烧伤的分度，一般有三度：Ⅰ度烧伤——仅伤及表皮，皮肤局部干燥、灼痛、微肿发红、无水疱，一般3～5日即可痊愈；Ⅱ度烧伤——伤及生发层，累及真皮，皮肤局部红肿、剧痛、出现水疱；Ⅲ度烧伤——伤及皮肤全层或皮下、肌肉、骨骼，皮肤局部创面苍白或黄白或焦黄甚至焦黑、炭化，并且痛觉消失。

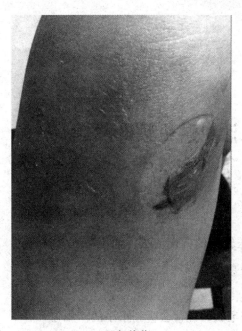

腿部烧伤

按照烧伤的严重程度，可以分为四类：轻度烧伤，指烧伤面积在 10% 以下的Ⅱ度烧伤，小儿烧伤面积减半；中度烧伤，指烧伤面积为 11% ~30% 的Ⅱ度烧伤或 10% 以下的Ⅲ度烧伤，小儿烧伤面积减半；重度烧伤，指烧伤面积为 31% ~50% 的Ⅱ度烧伤或 11% ~20% 的Ⅲ度烧伤，小儿烧伤面积减半；特重烧伤，指烧伤面积超过 50% 的Ⅱ度烧伤或烧伤面积超过 20% 的Ⅲ度烧伤，小儿烧伤面积减半。

在家中，一旦发生烧（烫）伤，最简单有效的急救处理是冷疗，即用凉水冲洗或将烧伤处放入凉水中 10 ~ 20 分钟，可使烧伤程度减轻并减少疼痛。若烧伤部位出现水疱，可在低位刺破，使其引流排空，切忌把皮剪掉，造成感染。可用无菌的或洁净的三角巾、纱布、床单等布类包扎创面，以免继续受到感染。创面不可私自涂以任何药物和其他如牙膏、外用药膏、红药水、紫药水、酱油、大酱等物，应尽快到医院处理。发生烧伤时，可用针刺或使用止痛药止痛；对呼吸道烧伤者，注意疏通呼吸道，防止异物堵塞。

自我管理箴言

火焰烧伤往往是因意外事故造成的，人们对这种突然的打击毫无精神准备，面对熊熊烈火显得惊慌失措或束手无策，因此致伤多较为严重，掌握一定的自救方法很有必要。

日常生活中避免触电

你知道人为什么会触电吗？原来，人体是一种良好的导体，当接触到带电物体时，电流就会通过人体，向电压较低的方向流去。而电流在人体通过的过程中，人会感到全身发麻，肌肉抽动，以致烧伤，严重时，会造成呼吸、心跳停止而死亡。

冬天的时候，我们脱衣服，尤其是毛衣，经常会听到小小的"噼啪"声，然后身上某个地方还会感觉有点酥麻，这其实就是衣服摩擦所产生的静电，这种酥麻的感觉就是被静电电到的结果。这种情形比较常见，尤其是在北方干燥的冬季，有的人几乎是走到哪儿被电到哪儿……

我们生活中被静电电到的情形跟触电完全不同，因为摩擦产生的静电无论是电压还是电量都非常低，因此不会对我们造成大的影响。但是触电时，电压非常高，有220伏、380伏，甚至还有高压线路上千伏的电压，电量也非常大，接触此类物品，会在瞬间对人体造成无法修复的伤害，后果极为严重。

为了避免触电，我们在日常生活中需要注意以下几个方面：

（1）不要用湿手去开灯、关灯或触动其他电开关。

（2）墙壁上接出来的多用插座都是通电的，千万不能用手指、小刀、

当心触电

钢笔等触、插、捅，那样是非常危险的。

（3）不能在电线上晒衣服。

（4）在室外玩耍时，千万不要爬电线杆，也不要在电线杆附近放风筝。大家在路上、野外或大风天气时，遇到落在地上的电线，一定要绕行，因为那可能是带着高压强电的电线，可以告诉成年人来处理。

（5）青少年朋友们在雷雨天不要到高树及古老的建筑物下避雨，同时绝对不要将金属器物握在手中。

一旦有人触电的话，我们应该怎么办呢？

在几年前，有过这么一个案例，一对12岁的双胞胎兄弟被爸爸妈妈留在家里，当哥哥开启电视时，因电视插座漏电，造成哥哥触电。此时，插头就在弟弟的身边，弟弟并没有马上拔掉电源，而是冲了上去拉哥哥，结果一场惨剧发生了……

如果遇到不慎触电的情况，我们该怎么办呢？

首先要关闭电源开关或拔掉电源插头，尽快脱离电源。

如果同伴触电，在关闭电源前救人时，要踩在木板上去救人，避免接触他的身体，防止造成你本身新的触电。戴橡皮手套、穿胶底皮鞋也可防止触电，还可以用木棍、竹竿去挑开触电者身上的电线，不过这种做法不适合年龄小的孩子。

如果触电的同伴呼吸、心跳已经停止，在脱离电源后要立即将其移到通风较好的地方，解开其衣扣、裤带，保持其呼吸道通畅；然后进行人工呼吸，同时进行胸外心脏按压，并尽快呼叫大人来急救。触电的人可能出现"假死"现象，所以要长时间地进行抢救，而不应轻易放弃。

自我管理箴言

电是人类的好朋友，只要利用得当，它就能为我们提供光亮和温暖。但是一点小小的疏忽也可能使它变成"电老虎"。因此，一定要学会如何利用它，在使用时多加小心，而万一触电时不要慌张，小心处理，就可以避免电对人们造成的损害。

火灾互救知识

第一课：学习烟雾中寻人

1. 以正确的方法避免自己受伤

火灾的发生往往比较突然，总会有那么一部分人来不及反应而被困火场。在你确定有人被困但又不知道他的具体方位时，你可以大声呼喊，观察动静，平心静气地倾听呼喊声、呻吟声以及求救声。在确定了被困人员的具体方位之后，不要盲目救援，以免自己受伤。可以用湿毛巾捂住口鼻，弯腰低头，顺着墙根摸索过去救人。

2. 认真搜寻，避免有遗漏

失火之后断电的可能性也会很大，如果是在夜间，就要注意一些角落。寻找老弱病残者，要多注意床下或床周；寻找小孩，则要注意床上、床下、桌椅底下、墙角或衣橱内。对大火的恐慌会让人失去判断力而随意躲藏，所以在寻找的时候要格外仔细。

寻找被困人员的方法主要有：

（1）询问知情人。了解被困人员的基本情况（如人数、性别、年龄、所在地点等），确定抢救被困人员的途径和方法。

（2）主动呼喊。灭火人员未佩戴防护面具时，向可能有被困人员的区域喊话，唤起被困人员的反应，以便迅速发现被困人员所在地点。

（3）查看。借助可携带的照明灯具查找躲藏起来的被困人员。

（4）触摸。在查看、细听和喊话的同时，还可以手持探棒在可能有被困人员的地点、部位触摸、搜查。

寻找被困人员的地点主要有：

（1）建筑物内的走廊、通道、楼梯、窗口、阳台、盥洗室等。

（2）房间内的床下、桌下、橱柜内、卫生间、厨房、墙角、窗下、门后等。

第二课：窒息者怎样救护

1. 判断是否有必要采取心肺复苏术

在发现身边有人突然昏厥时，并不一定立即就要采取心肺复苏术，而是要在最短的时间内，判断能否对其使用心肺复苏术。首先，你可以轻拍对方肩部，并高声呼喊，当对方对你的呼喊完全没有反应时，你还可以去感受一下对方的呼吸："看"对方的胸腔是否有起伏，"听"对方是否有呼吸声，"感觉"对方鼻腔是否有气流呼出；之后再简单测试一下对方还有无脉搏以及有无心跳。这一切"检测"的时间最好不要超过 10 秒钟，如果确定对方无呼吸、无脉搏和心跳，那就可以进行心肺复苏术了。

2. 常用开放气道方法

在实施心肺复苏术的过程中，被救人员的气道应该时刻处于开放状态。常用的开放气道的方法如下：

压额提颏法。运用此法的前提是，患者无颈椎问题。站立或跪在患者身边，用一只手的手掌外侧放在患者前额部向下压迫，另一只手的食指、中指并拢放在下颏骨位置向上提，使头部后仰，颏部及下颌上抬即可。

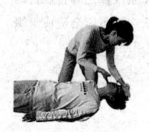

心肺复苏术的流程

双手拉颌法。如果怀疑对方有轻微颈椎损伤，此法可以缓解对颈椎的重度伤害。站立或跪在患者头顶端，两手分别放在其头部两侧，肘关节支撑在患者仰躺的平面上，分别用两手食指、中指固定住患者两侧的下颌角，用手掌外侧拉起两侧下颌角，使头部后仰即可。

压额托颌法。站立或跪在患者身体一侧，用一只手的手掌外侧放在患者前额向下压迫，另一只手的拇指与食指、中指分别放在两侧下颌角处向上托起，使头部后仰即可。

第三课：帮别人止血四要诀

1. 用手按压止血

伤口流血时，用手按压可止血。主要分为两种情况：一是伤口直接压迫法，即用干净的纱布或者其他布类物品直接按压在伤口出血区，可有效止血；二是指压止血法，即用手指按压在出血动脉近心端附近的骨头上，阻断血液来源，以达到止血的目的。

2. 纱布包扎止血

包扎伤口止血的材料最好是纱布、绷带或干净的棉布或用棉织品做成的衬垫之类的物品。在包扎的时候，最好先盖后包、力度适中。"先盖后包"，是指在伤口处盖上足够大的棉织品衬垫，然后再用绷带包扎；讲究"力度适中"，是因为如果包扎过松，达不到止血的目的，包扎过紧，又可能造成远端组织因缺血缺氧而坏死。

3. 外物填塞止血

此种方法主要用于腋窝、口、鼻、肩等其他盲管伤和组织缺损处的止血，其本质在于用棉织品将出血的空腔或组织缺损处紧紧填塞，以达到止血的目的。将干净的纱布、棉垫或急救包填塞在创面周围，松紧度以达到止血目的为宜。但此种方法的危险在于用压力将棉织品填塞结实之后可能会造成组织损伤，也易造成感染。所以，除非情况紧急，尽量不使用此法。

第五章　防范性侵——谨防身边的大"色狼"

　　青少年儿童性侵害并不是个陌生的词汇，只是多数父母都主观上认为这样的不幸离自己的孩子很远，于是忽略了教孩子如何识别被性侵和自保的方法。但事实上，青少年儿童性侵案的发生频率并不低，此类案件近年来也在媒体上频繁曝光……

青少年应当学会保护自己

　　青少年要有保护自己生命和紧急避险的能力。当遇到特殊情况时，要随机应变，机智灵活地保护自己。

　　2013 年 5 月 27 日，云南某农村中学有位叫小娜的女生，晚自习后，在放学回家的路上，走着走着犯罪嫌疑人郭某忽然将她拦截住，对她要实施性侵犯，小娜在设法反抗的时候，在路边抓了一把稻草放在了犯罪嫌疑人的衣服兜里。之后这个犯罪嫌疑人就开始逃跑，小娜就在后面一边追一边报警。由于小娜给警察说得很详细，说是在哪条路的哪个街，很快，巡警就将犯罪嫌疑人挡在了那条路的路口，小娜追过来后，就说郭某刚才对自己实施了性侵犯，做了坏事，而郭某不承认，还让她拿出证据来。小娜说："当时是在草垛里，我抓了一把稻草装在了他的兜里。"警察对郭某进行检查，发现在其兜里真有一把稻草，郭某当时就耷拉着脑袋没话说了，只好承认。

　　这就是小娜在没有办法的情况下所想出的一个办法：留下一些个人标记！

　　现场遗留毛发、物品、精斑、抓痕对破案都是非常有用的。很多情况下，犯罪嫌疑人要对青少年进行施暴，青少年对他留下抓痕，犯罪嫌疑人便在劫难逃。

防身器材之防身喷雾

　　还有一个案例：南京市某中学

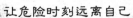
15 岁的漂亮女生小荣，每天放学回家必须要经过一个偏僻的小径。2013 年 6 月 19 日下午，父亲由于有急事没有按时在小径处等待小荣放学回家，于是，一名犯罪嫌疑人就在此处等待，欲对其施行性侵犯。等小荣走过来后，犯罪嫌疑人从躲避处站了出来，强行和小荣接吻，并在接吻过程中大胆妄为，把舌头伸到小荣的嘴里，小荣见机行事，一下咬掉他半个舌头。犯罪嫌疑人负痛而逃，由于犯罪嫌疑人掉了半个舌头须马上去医院手术，所以，他刚到医院，马上就被捉拿归案了。

可见，这些抓痕或咬伤是非常有用的。这些都是除了使用防身器材以外，青少年受到性侵犯时的救助方式。有了这样一套措施，就可以让青少年从生理和心理上得到弥补和救助。性侵犯案件是非常严重的暴力犯罪，青少年如果遭到性侵犯，要坚决挺身而出和犯罪嫌疑人做斗争，绝不能手软。

青少年除了留下一些痕迹外，还应学会使用一些防身器材。有一些适合青少年的防身器材，比如防身喷雾，可以放在包里很安全地携带。另外，也有一些适合青少年的健身练拳脚的防身术，对于青少年来说这是最直接的防身措施。对于很多的父母来说，也都希望能买到适合孩子用的防身器材，但是，对于孩子来说也可能会将自卫的武器变成行凶武器。因此，当父母在选择的时候，一定要选择既安全又能防身的器材，这样的话才能真正达到保护青少年的目的。

对上学放学没有安全感的青少年，父母应该给他们准备一个防身用具，以备吓走不法分子，从而免遭不法分子的侵害。

自我管理箴言

当遇到犯罪分子对自己实施性侵犯时，除了用一些防身器材进行紧急自救以外，青少年还应学会留下个人的标记。

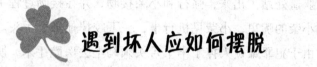

遇到坏人应如何摆脱

青少年要有自我保护意识，遇到坏人时应该沉着冷静，不要慌张，要机智地与坏人进行周旋，以防自身受到伤害。请大家看这样一个事例。

王丹和陈颖是北京某中学六年级的学生，她们是好朋友。两人早就约好，考完试后要去公园痛痛快快地玩个够。那一天不是假日，公园里很清静。两个女生手挽着手，一边走，一边观赏四周的景色，心情非常愉快。

不知不觉，她们来到了湖边。王丹说："我们去租条船来划吧。"陈颖迟疑地说："租金很贵吧，再说，还要交押金，咱俩的钱也没带够。不如咱俩去照张相吧，算是我们俩小学毕业的留念。"两个女孩正在犹豫不决时，旁边就有人插话了："小妹妹，我们也要去划船，一起来吧，只要你们能高高兴兴陪我们玩，租船的费用我们全包了。要照相也可以，对岸大柳树下那里风景特好，我们有相机。"王丹和陈颖这才注意到身边站着两个年轻人，正笑嘻嘻地打量着她俩。

这时陈颖警惕地说："我们不认识你们，凭什么要跟你们去划船？"说完，拉着王丹转身就离开。"不认识不要紧，现在不是认识了吗？交个朋友嘛。""不去划船，去看动物杂技表演，好不好？我请客。"两个家伙死皮赖脸地跟在后面，一唱一和地纠缠不休。王丹忍不住回过头来，说道："老跟着我们干什么？真是讨厌。""别搭理他们，快走。"陈颖拉了王丹一把，两个女孩加快了脚步。

那两个人并不觉得生气，依然笑嘻嘻地跟在这两个女孩的后面，有一句没一句地逗她们玩。陈颖心想，这两个家伙怎么老缠着我们呀？得想个什么办法才好。这时，她抬眼望见远处有个男人的身影，灵机一动，对王丹说：

"王丹，瞧，好像是你爸爸来了。"王丹也很机灵，马上接过话说："对，他说好中午来接我们去吃鱼排的。爸爸！爸爸！我们在这里呢！"一面喊，一面拉着陈颖朝前跑去，跑到了人多的地方。两个小姑娘回头看看，那两个男人没有跟上来，她们这才松了口气，找了张石凳坐下来休息。

为了青少年的健康成长，社会、家庭、学校都有责任保护他们，青少年更有责任保护自己。生命只有一次，保护自己的生命是最重要的。在特殊情况下，可以随机应变、机智灵活地与不法分子做斗争，以避免自己身陷险地。

若遇到性侵犯、绑架、敲诈勒索的坏人时，青少年应该采取怎样的自救办法呢？

（1）周旋。遇事时千万不能害怕，要尽快镇静下来，佯装服从和拖延时间，寻机脱身逃走，迅速报警。

（2）耍赖。此时可以倒在地上耍赖打滚，叫喊哭嚎，引来路人围观；不法分子大惊失措时，可以乘机呼救报警。

（3）"调包"。昏倒或突然提出上厕所，或找他人借钱，佯装乖巧，或突然装肚子疼，趁机呼救报警。

（4）"认亲"。当不远处有大人时，可以佯装惊喜万分，跑过去直呼大哥或叔叔，将不法分子吓跑。

（5）抛物。将书包或身上的值钱的物品迅速抛向远处，并佯装生气、害怕，当不法分子忙于其他时，快速脱身并报警。

（6）"放线"。佯装害怕，暂时答应对方的条件，约定时间和地点交钱物，等对方离开后，马上报警。

（7）如果已经无法逃走，青少年应采取的办法是：先与其讲道理，并以法律迫使其放弃违法行为。所以，青少年应在平时学习相关违法犯罪的法律知识。

（8）呼喊。突然大声呼救，引来旁人关注，令不法分子惊恐不安，乘机脱身。

（9）吓唬。佯装自己若无其事，理直气壮地指出一个亲友的名字吓唬对方。

（10）一定要记住，反击不法分子时一定要先对双方的实力进行冷静的分析和比较，因为在此时，保护自己的生命安全最重要；必要时可以舍弃其他财物，千万不可以逞能而与不法分子硬拼。

自我管理箴言

出现一系列的校园性侵犯、绑架等事件后，校园内也应加强安保措施。现在越来越多的父母开始让孩子学习自卫防身的课程。自卫防身课程主要教授青少年面对危险时如何保持冷静，并迅速做出反应。课程的重点是教授青少年如何逃往安全地带、如何避免与不法分子正面冲撞。

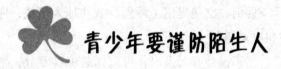
青少年要谨防陌生人

从青少年遭受性侵犯的一个个案例中，办案人员发现，留守青少年和打工者的子女容易受到性侵犯。

近年来，留守青少年被性侵犯的案件时有发生。那么，从这些案例中，青少年应该吸取什么样的教训呢？应当如何管好自己呢？当遭受性侵犯后又应如何处理呢？

性侵犯中有不少是留守青少年。由于父母不在身边，没有父母的直接关爱和教育，他们不知道自己身体的哪些部位是不可以让别人碰的，所以遇到性侵犯时不知道该如何保护自己。

南宁市某小学 12 岁女生小化放学后正准备乘公交车回家，这时，一个同学告诉她，在学校后门有人找她。于是，小化走到学校后门，有两个陌生的女子叫小化跟她们走，说有车送她回去……接着，这两名女子开车将小化带

小心掉进陌生人的陷阱

到北湖路的一个招待所，小化下车后，强迫小化去"卖处"。

后来，小化因受语言恐吓和殴打，被逼答应了。小化的父母是打工的，每天都忙于生计，很少有时间关心和照顾小化。所以，由于缺乏父母的保护，小化的性格比较懦弱，只要不法分子稍加威胁或殴打，便乖乖"听话"了。事后2天，警方根据小化等的陈述，将作案团伙成员抓获归案，南宁市区人民法院也对这起强迫卖淫案做出了一审判决。

本案的涉案人员虽然已经受到了应有的惩罚，但是青少年应从中吸取教训。近年来，青少年受到性侵犯的案例呈上升趋势。在这些查办的案例中，留守青少年和打工者子女占到一半以上。他们虽然有一定的监护人，但是父母所委托的监护人如长辈、亲戚等由于一些客观原因，无法给予有效的监管，致使不法分子有了可乘之机。

那么，留守青少年应当如何培养自己的性防范意识呢？在青少年应当如何被监管这一问题上，我们给出以下几点建议：

（1）青少年，尤其是留守青少年和打工者子女要培养自己的性防范意识，提高自己的防范能力。让自己懂得身体的哪些部位是不能让别人看，不能让别人触摸的。

（2）中小学女生，要明白不可以与成年男性单独在一起，不可以在偏僻、阴暗或狭窄的道路上行走。如果非要走，最好结伴或有大人陪同，更不可以跟陌生人走。

（3）青少年要主动与父母多沟通，父母不在自己身边的，应和家中的亲戚朋友多沟通，有事要及时向长辈们反映和求助。

自我管理箴言

　　青少年在遇到坏人时，应当引开话题或离开对方，遇到不法侵害时，要记住不法分子的相貌，一定要告诉老师、父母，并要立即报案。

 # 怎样摆脱陌生人的跟踪

　　歹徒跟踪学生，主要有两种目的：谋财和性侵犯。现在还有一种情况，就是成人间由于发生了经济纠纷或其他纠纷，一方为了要挟对方，便绑架对方的孩子，作为人质；甚至有的为了报复对方，伤害或杀害对方的孩子。犯罪分子实施犯罪前，常采取跟踪小孩的方法，在行人稀少或无人处，对孩子采取暴力行动。

　　上完课，老师布置了一道家庭作业，要同学们收集中学生自救的案例，丽丽正在犯愁，邻居家的玲玲姐放学回来，丽丽赶紧向玲玲姐请教，玲玲就讲了一个发生在她自己身上的真实的故事。玲玲回忆说：记得我在上初中时，就曾经遇到过一个流氓。那是一个冬天的傍晚，放学后我乘公共汽车回家。车上很挤，我感觉到后面有人老拱我，便警觉起来。我想起妈妈的话，遇到坏人别怕，要沉着。我慢慢往车门口挪动，没想到脖子上的大围巾却被那坏人悄悄拽住了。我不动声色，也没有回头看那人。车一停，我"嚓"地跳下车，同时使劲儿把围巾拽了出来，快步往家走。走着走着，我忽然发觉后面有人在跟踪我，可能是那个坏人也下了车。这时，我又想起妈妈的话："有人跟踪你的时候，你要往人多的地方去，不要往家跑，因为坏人要是知道你住在哪里，以后你就会天天处在危险之中。"我灵机一动，径直往村口的杂货店走去，混在人群里转了两圈，把围巾放在书包里，换了个模样。甩掉了"尾巴"，我才跑回家。听完玲玲的故事，丽丽连声说，玲玲姐你真勇敢。

在开放的今天，社会是复杂的。出了校门，走上街头，就不免遇上坏人的跟踪。

青少年要掌握一定的方法，以防被坏人伤害。

1. 确定有没有被跟踪的方法

"听"，就是听听有什么动静、有什么人讲什么话、有没有特殊的声响。"停"，即是发现有些情况异常后，采用先停下来的方法。如行路时若几个陌生人总在附近，可在安全的地方停下来，要是一般行人就走了，跟踪的人会在附近磨蹭不走。"看"，是注意观察环境和人员，包括宿舍、楼道、家门口附近有无异常。"转"，是当怀疑有人跟踪时，可在安全地带转，如在路的左右侧反复交换位置，看有没有陌生人总在附近，一般有人跟踪时，你走在街道右侧，他也会到右侧，你迂回到左侧，他也会到左侧，你总在他的视线之内，这就证实有人跟踪无疑。"回"，是发现有情况往回走，跟踪的人也会故意跟着，反复做这个动作便能确认。

2. 采取必要的手段摆脱跟踪

如发现并确认有人跟踪时，为了你的生命财产安全，必须迅速采取摆脱手段，摆脱危险不利的局面。具体措施手段有以下几个方面：

（1）"叫"。即是叫人、叫喊。如发现情况不对，可以叫附近的人或大声喊叫，引起附近的人注意，坏人一般都是做贼心虚的。

（2）"避"。走路尽量避开不安全的地带和不安全的时段。不安全地带指犯罪高发区、夜间没路灯路段、两侧地形复杂（有树木、土堆、深坑、杂物、废墟等）路段。不安全时段，多为夜间或没行人的时间。此种情况，如实在避不开，最好与熟人结伴而行或找家人陪同。

（3）"换"。变换时间、变换服装，活动尽量不形成规律性。

（4）"甩"。采取迂回、换装、换乘、穿堂等甩掉尾巴的手段。迂回即兜圈；换装即是换衣物着装；换乘即是换车；穿堂即是利用商场、饭店、胡同、小区、住宅、楼房等有多门的场所和设施穿行而过，甩掉尾巴跟踪。

（5）"报"。及时报警、报知家人朋友。当遇有危险要及时报警，或向附近的家人朋友打电话（给距离很远的家人朋友打电话意义不大），假如怀疑、怕有危险，也可把"110"电话或亲朋电话号码提前先在手机上按出来，一有情况马上按拨出，免得到时来不及拨号。打电话时，要先报地点，再说危险。因为地点位置最重要，不然你即使报了情况，没报清楚准确地点也是白报。

（6）"防"。说到防，主要是防备。要做到"三有、一要"。即，提前有准备、有措施、有手段，遇事要冷静。人常说："害人之心不可有，防人之心不可无。"提前在心理上有准备，有点防范措施。

由于放学较晚或者要上晚自习，许多同学往往需要夜行。这时候，需要注意以下几点：

（1）如果已到深夜，车辆、行人稀少，此时不要独自夜行。男同学可以结伴同行，女同学则应让家长、老师或可以信赖的亲戚朋友接送，千万不能与陌生人结伴同行。

（2）必须独自夜行出门时，身上不宜携带太多的钱物，并在出行之前尽量通知目的地的人到半路上来迎接。

（3）尽量走宽敞的大街道、繁华路段，不要贪图近路而穿越偏僻的小街小巷，以及一些治安复杂的路段，因为坏人总喜欢在这些黑暗、僻静和易于隐藏的地方伺机作案。

（4）尽量走有灯光处，以防有人突然袭击；可携带一只口哨，危险时鸣哨求援。

（5）万一遇上歹徒，要大声呼救，同时往人多、有明亮灯光的地方跑。

自我管理箴言

> 大家走夜路的时候都要时不时地张望下四周，看看是不是有人跟踪，其实这些都是必要的防身方法。当你已经确定有人跟踪你的时候你该怎么办呢？其实遇到这种情况不要惊慌，应该保持冷静，用所掌握的知识思考脱身的对策。

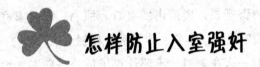 **怎样防止入室强奸**

2011 年 3 月，四川某林场重建仓库的工地上，有两位民工在劳动时，在一根水泥条子里发现了一具被筑进混凝土的少女赤裸的尸体，死者嘴上贴着胶布，肘部、腕部和踝关节上有绳索捆勒的印痕，颈部的掐痕更为明显，乳房、阴部、大腿内侧有烟头的灼伤，乳头上还有牙齿咬痕，其状惨不忍睹。工人们一下子便认出这是林场的女工小 C。

经过公安机关的悉心侦破，很快抓获了这起强奸杀人的犯罪分子 Z 场长。原来 Z 场长对小 C 早就不怀好意。一天他试探着去找小 C。小 C 不在家，但门未上锁，而钥匙却放在桌上，Z 用笔描下了钥匙形状，自己偷配了钥匙，然后于晚上蒙面弄开小 C 的卧室，强奸了小 C，制造了这起骇人听闻的惨案。

2013 年 8 月 28 日，宁夏吴忠市某纸业负责人将一面写有"雷霆出击、破案神速"的锦旗送到破案民警手中，对警方迅速破获 7 起入室抢劫、强奸案表示感谢。

2013 年 8 月，吴忠市造纸工业园区附近的家属区及周边农村连续发生多起入室抢劫、强奸案，影响非常恶劣。利通区公安分局抽调精干警力成立专案组展开侦查。专案组民警对案发地周围 3 公里以内进行地毯式走访调查，对每一个案发现场进行认真勘查和分析，走访了案发地周边的 260 多户 1000 余人。在历时 10 天的缜密侦查中，一个身穿迷彩服、个头不高、经常骑自行车在吴忠市造纸工业园区附近徘徊的男子进入警方的视线。8 月 16 日，民警成功抓获犯罪嫌疑人高某某。经审讯，犯罪嫌疑人高某某对其入室抢劫、强奸 7 起的犯罪事实供认不讳。

据统计，在已报警的各类强奸案中，有一半左右是在居民住宅内发生的。如何防止入室强奸，对于体单力弱和缺乏社会经验的少女来说，显得尤为重要。

（1）住宅的建筑要保证安全。城市家庭最好安装防盗门，居住在一楼的住户应装上窗户防盗栅栏，楼道内要有灯光照明。农村家庭的院门、屋门都应有锁，窗户关闭应灵活、牢固，或是装有栅栏。

（2）少女独自一人在家时，不要让推销员、修理工之类的陌生男人或不太熟悉的男人进门，即使是邻里或村民，如果平时信不过或觉得其行为不端，也要将其拒之门外。在房门外又安装了防盗门的人家，平时从屋内反锁或插上插销，当有人敲门时，可打开屋门察看来人。此外，在给来人开门前，也可以打开电视机、收音机等，造成屋内有人的假象，如果来人心怀叵测，就可能不敢贸然闯入。对于那些传递父母子女受伤消息、自称父母子女同事或朋友的来人不能轻易相信，要多盘问几句。上门求助或借电话的人，一是打发他们到居委会，二是让对方留在门外，自己在屋内替其打电话（只限于替对方报警或呼叫救护车，其他的内容不予理睬）。

（3）一旦来人强入门内并试图行暴时，要尽量利用身边的物件进行防卫并大声呼叫，或是用玻璃瓶、盘子等易碎物品砸向墙壁或地面，既可引起邻居或外人注意，又能利用玻璃碴、盆子碎片或利刃阻止歹徒靠近自己。徒手格斗时，要尽量攻击歹徒的睾丸、眼睛、鼻子、腹部等要害之处。

（4）遭到歹徒入室强暴后一定要打消顾虑，及时向公安机关报案。只有这样才能进一步保护自己，保护更多的女性不受侵害。

作为青少年学生一定要加强这方面的安全意识，不要以为在家就安全了，一定要关好门窗，防止不法分子的侵入。

公车上如何防范流氓

中小学生由于上学的原因可能必须乘坐公共汽车，而犯罪分子正是利用许多中小学女生的害羞不愿说出来的心态，才趁机下手的。青少年尤其是女生，在非常拥挤的公共汽车上，当邻座或是对面的男人不停地挤向自己，或是交叉双手，手指逐步摸向自己的胸部，或是自己坐着，男子站着，围在自己身边不停地俯向自己时，要勇敢地站出来进行反抗。

琳琳很漂亮，今年15岁，看起来较成熟。她每天上学都要乘公共汽车。2010年6月的一天，她照常乘坐公交车去学校，这天车上人特别多，一个油头粉面的男人紧紧贴在琳琳的身上，并用下身在琳琳的身后蹭来蹭去，还用手摸琳琳的下身。这时的琳琳非常气愤，同时又很害怕，想躲避可怎么也挤不动，想大声喊，又没那么大的勇气。从此，每逢乘坐公交车时，琳琳总感到恐惧不安，不知怎样才能摆脱这种下流的骚扰。

如果你是琳琳的话，遇到这种情况你知道该怎么办吗？对待公交

小心遭受色狼骚扰

车上的性骚扰，青少年要学会保护自己，要立即拨打110报警，同时，找几个目击的乘客做证人。如果手机有照相或摄像功能，可以将对方的几个关键动作拍下来，成为警方惩治猥亵犯罪的有力证据，也可参考以下几条防色狼措施：

第一招：青少年要学会寻找依靠，向司机或者售票员靠近。色狼通常因为心虚，一般不会再追赶过来。

第二招：投去冷冷的目光，用带有威慑力的眼神与色狼进行对视。尽量往女性多的地方拥挤，因为同性相互依靠的地方绝对安全。

第三招：疾声呼叫，遇色狼时，如果公交车上人比较多，青少年可以大声喊"抓小偷"，他肯定会反驳自己不是小偷，青少年就可以说："不偷东西，怎么一直往我的身上贴。"让色狼无地自容。

第四招：事先提醒引起注意，开始青少年可以先说"干什么"，乘客就会开始注意这个色狼，然后，如果他还是出现不良的行为，青少年就可以对其动手，这时乘客们便会帮助弱小的青少年。

第五招：巧用鞋跟，当发现有流氓骚扰自己的胸部时，青少年可以将书包放到自己的胸前，以防流氓对自己进行骚扰。如果流氓还是不离开的话，可以用鞋后跟踩他的脚，制止其罪恶行动。

第六招：狠狠地扇其耳光，不要害怕，否则只能证明自己胆怯，使对方更加放肆。可以直接给色狼一耳光或踢他一脚，然后拨打110报警。

第七招：当青少年看到自己的同伴受到性骚扰时，可以对她说："这里好热，我们换个地方吧。"然后，带着自己的同伴脱离魔爪。

自我管理箴言

　　当中小学女生在公共汽车上遇到流氓时，最好的反抗就是大叫或者报警。腼腆的女生争取在靠近司机、售票员的地方站立。千万不可以忍耐，因为这样只会让流氓更加肆意妄为。

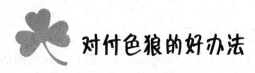 对付色狼的好办法

　　21世纪，性骚扰已成为一个严重的社会问题。性骚扰像形色各异的魔鬼出现在我们面前，其造成的社会危害相当严重，且是多方面的。这些危害，导致了种种悲剧的发生，已经成为一个不容忽视的社会问题。

　　周末玲玲回家后，神色慌张地对妈妈说起了公交车上发生的事情，这几天每天每天放学坐公交车回家时，每次都会遇到几名陌生男子趁着人多，紧挨着她们蹭来蹭去。妈妈对玲玲说："你们为什么不大声喊呢？"玲玲说："这种事情怎么好意思说呢？"这天玲玲妈妈约了几个家长，与拥出校门的学生一起上了公共汽车，乘客中大部分是学生。

　　行驶途中，只见几名男子在拥挤的人群中挤动，贴着女生后背缓慢游走，有些女生不时为此皱眉。"可能就是这几个人。"两名家长小声地说。玲玲妈妈拿出手机拨打110报警时，几名男子好像觉察到什么提前下了车。其实这些男子就是利用女中学生胆小、害羞的心理对他们进行骚扰。

　　我国法律对性骚扰的概念没有明确的规定，通常意义上，性骚扰是指一个人以某种利诱或威胁为要挟，将自己的性要求强加于他人，迫使他人服从自己的性意志。包括语言上的侮辱、威吓，对身体的猥亵和性的引诱、挑逗等，违背本人意愿的搂抱、接吻、抚摸等身体接触，最严重的是性的侵害。年轻女孩在受到性骚扰后常常陷入被动、自卑、无奈的困境，甚至会导致严重的心理创伤。下面介绍几种对付色狼的方法。

　　1. 公共场所遇到骚扰：直接警告

　　骚扰方式：被他人用暧昧的眼光上下打量或予以性方面的评价。

　　处理方法：若有陌生的男性搭讪，不要理睬，及时避开，换个位置，可

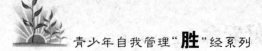

以的话立刻抽身离开；对有性骚扰企图的人，首先要用眼神表达你的不满；若对方并无收敛，可直接用言语提出警告，把你的拒绝态度表示得明确而坚定，警告对方，你对他的言行感到非常反感；若他一意孤行可报警，请警察帮助。

2. 面对电话骚扰：不要用激烈言辞

骚扰方式：通过打电话，对方会想尽各种理由跟你闲聊。他很有可能会一而再、再而三地打电话。

处理方法：遇到上述情况最好不要用激烈的言辞反唇相讥，因为这可能会引起对方的兴奋，应该用严正的语气说："你打错电话了!"若对方是个经常骚扰的陌生人，只要他打进电话，应该马上挂电话，不要理他，或者告诉他这部电话装有追踪器或录音设备。最后，要记得告诉父母事情的经过。如果对方要到家里来，马上报警处理。

3. 收到淫秽物品：正面表明态度

骚扰方式：赠送与性有关的礼物或展示色情刊物。

处理方法：不要畏缩或偷偷将其处理掉，要用坚定的语气向对方说："你的行为实在无聊，若你不收回，我会报警。"并将事情转告其他相识的人，留下物品作为证据；消除贪小便宜的心理，不要轻易接受异性的邀请与馈赠。

4. 交通工具内遇到骚扰：大声斥责

骚扰方式：遭遇故意抚摸或擦撞。

处理方法：对于有性骚扰行为的男性，千万不要退缩或不好意思，可以大声斥责："请将你的手拿开!"可以狠打其手，也可以告知同行的伙伴，引起公众的注意，使侵犯者知难而退。对情节恶劣严重的可报警；另外如果穿了高跟鞋或厚底鞋，可以毫不客气地使劲踩他的脚。

5. 受到老师骚扰：不要单独去老师宿舍

骚扰方式：个别品行不良的男老师利用职务之便对女同学假意"关心"和"照顾"。

处理方法：最好不要单独去老师宿舍，有可靠的同伴陪伴，更为保险；如果遇到骚扰应该明确地表明，你不喜欢他的言行，并提出警告。若事情没有好转，或对方威胁，应该向家长和学校寻求帮助，或者向公安部门、司法部门报案，未成年人可以申请法律援助，并可由父母和律师代理出庭。

为了防止遭受色狼的骚扰，在日常生活中，我们要特别注意以下几点：

（1）女学生应在日常生活中，避免穿袒胸露背或超短裙之类的服饰去人群拥挤或僻静的地方。

（2）外出时，尤其在陌生的环境，要注意那些不怀好意的尾随者，必要时采取躲避措施。

（3）对于有性骚扰行为的人，应及时回避和报警，不可有丝毫的犹豫。

（4）万一遭遇性骚扰，尤其是性暴力，应大声呼救。

（5）遭遇性骚扰，也可机智周旋，还应设法保留证据，及时向有关部门求助和告发。

 自我管理箴言

受到伤害后，应尽快去医院检查，以防止内伤、怀孕或感染性病等，并及时进行心理咨询、心理治疗，医治精神创伤。家长、教师平时要教育女学生学会保护自己。

 青少年自我防护措施

中小学校园安全制度的不健全，是导致校园性侵犯案件频发的直接原因。这些性侵犯案件的发生场所大多为教室、学生宿舍、教师宿舍或学校内废弃的房屋以及广播站等，甚至一些猥亵案件还发生在讲台上。由于有些校园内既没有安排教师值班巡查，也没有为学生宿舍设置必要的防护措施，所以导致校外人员时常能够入侵学生宿舍实施性犯罪活动。在个别的案件中，有些学校面对已经出现的"危险",不但没有亡羊补牢,反而坐视不理。

2003年6月中旬的一个晚上,由于天色已晚,几乎看不到一丝亮光,在四川省某校园里,校外人员唐某,趁下晚自习后,偷偷入侵该校的女生卫生间,发现有两名女生,于是紧闭了卫生间的门,威胁不许两名女生叫喊,否则就杀死她们。由于该校的卫生间在操场的另一侧,较为偏僻,所以两名女生见此场景非常害怕,始终不敢叫喊,之后遭到唐某将近20分钟的猥亵。案件发生后,学校老师称,之前经常有校外的男青年进入校园,有时他们在走廊内喊女学生的名字,但是学校保卫对此没有引起足够的重视和采取相应的措施,最终导致两名女学生被猥亵。

一系列被危害的事件,为青少年再次重重地敲响了警钟:在这个文明日趋发达的社会里,依然存在很多躲在暗地里面伺机伤害青少年的色狼。因此,提高青少年的自我保护意识和技能,将成为他们面对危险时的最后一道防线。同时,这些案件提醒我们,学校的管理制度应当是多方面的,不仅涉及对教师的教育,也包括对学校勤杂人员的管理,以及对所有校内人员包括对进入学校的校外人员的管理等。

青少年必修的自我防护措施:

(1)不要在公共场合穿过分暴露性感的服装,必要时随身携带防身"武器"。

(2)不要独自外出去偏僻的地方,深夜时,尽量不出行,出行时一定要有人结伴。

(3)不要轻易相信陌生人或与网友见面,必要时应选择在公共场所见面。

(4)出门之前告知父母或朋友自己的行踪,不去不熟悉的住处。

(5)睡前一定要做好检查,查看门窗是否关好,消除不安全的隐患。

(6)不随便接受他人送的礼物、钱财,不随便搭乘便车。

(7)相信自己的直觉,发现有人心怀不轨或带有危险性要立即躲避。

(8)不理睬陌生人与自己搭讪,发生危险时,不要害怕,就近报警。

(9)避免单独与陌生男子乘坐一个电梯,乘坐电梯时,应尽量站在电梯内的警钟按钮位置。

自我管理箴言

> 青少年要学会应对性侵犯、恐吓的一般方法，提高自我保护能力。小学生要学会应对性侵犯、恐吓等突发事件的基本技能，而初中生应学习健康的异性交往方式，学会用恰当的方式来保护自己，预防性侵犯。特别是当中小学女生遭到性侵犯时，要学会用法律保护自己。

安全知识小课堂

学习防狼秘籍

第一课：遇到拦路的色狼怎么办

如果有人截道，或在后面追你，地点是在僻静小路或夜路上。在这种情况下，你需要逃走。

如果比赛跑步，一般来说男人总比女孩子快。因此，除非你是田径运动员，否则就不能不讲一点逃走的策略。

第一点要注意的，就是逃走的时机。一般来说，能早逃不要晚逃。走夜路发现一个男人向你靠近时，不要等他伸手抓你时再跑，而应该在一发现他靠近时就跑。这么早逃跑当然可能"跑错"，也许那个男人只不过想问问时间或者只不过是和你刚好同路，不过，出这种错毕竟是小事，谁也不会为此笑话一个女孩子的。万一他真是坏人，早跑几秒就可以拉开几十米的距离，这是非常有用的。如果一个男人扑向你，你更要马上逃走，逃走了固然好，逃不走你还可以再等一次机会，总不能乖乖站在那儿束手就擒吧。

如果一开始没逃掉，就要抓住机会再逃。附近有人路过时就是逃跑的好时机，因为这时色狼不敢紧追不舍，追几步追不上就会放弃。这种时候逃跑

最好边逃边喊人。如果没有这种机会，就在色狼没有注意你的时候逃走，例如，在他解自己衣裤的时刻，四处张望看有没有人的时刻。为了拖延他一下，让他不能马上追你，还可以给他一个打击。例如，拾起身边石块、木棍给他一下，或抓一把泥土撒向他的眼睛。这种打击如果能打昏他固然好，就算打不昏他，在他捂头或揉眼的时间，你已经跑出十几米了。

在夜里，要向有光亮、有人声的地方跑。如果在野外离村子很远，则向树林、草丛、青纱帐中跑。如果是在白天，尽量往有人处跑，向人多的路上跑。如果不小心跑进了死胡同，就尽快喊叫并敲附近的门。

第二课：在室内遇到色狼时怎么办

在这种情况下，逃走比较困难。如果在楼房里，你只有通过唯一的门才能出去。因此，你必须一面与之周旋，一面寻机逃脱。

这好比玩一个游戏。如果他堵住门，你要把他引过来，等他接近你以后，你出其不意地利用茶几、桌椅等做掩护逃到门边。或者，利用室内的物品打击他。如椅子、茶杯、暖瓶等，都可以使用，打击的目的不是打败他，而是借机逃走。

如果他的犯罪意图还没有明显地暴露，你可以找机会以某个借口出门，出去以后就尽快逃走。如果你在别人家发现情形不对，就尽快告辞。

在室内或在汽车里，还有一种脱逃方法。那就是抓住他的钱包（或其他他不得不去捡的东西）扔出窗外，然后你可以提醒他："我把你的钱包扔到楼下去了。"在他跑下楼去找钱包的时候，你有足够的时间撞开门逃走。在汽车上这样做，可以迫使对方停车开车门下去捡东西，你也可以趁机逃走。

路遇拦路抢劫并想强奸你的罪犯，你也可以把里面没多少钱的钱包远远地扔出去，如果他去捡，或者哪怕他只是回头看一眼东西掉在哪儿，你也可能趁机给他一砖头或趁机跑出十几米。

第六章　远离水患——青少年溺水事故防范指南

　　每年都会发生很多起溺水事故，殊不知，我们本应该避免的事故，由于自己不懂得一些安全常识才导致悲剧的发生。比如在海边、河边游玩的时候，掌握一些安全常识，就可以防止悲剧的发生。

溺水事故给我们敲响了警钟

　　越来越频繁的溺水事故给这个世界敲响了警钟，溺水已经成了学生意外死亡的重要"杀手"。所以，人们参加游泳锻炼，应该在消遣的同时看到安全常识的重要性，掌握必要的预防和抢救措施，对自己和他人都是相当重要的，也能确保自己度过一个平安的夏天。

　　两个男孩，一个6岁、一个9岁，在他们进入池塘以后，就再也没走上来。这是2012年7月以来，发生在厦门杏滨街道的第二起小孩溺亡事件。6岁的小张、9岁的小石和另一伙伴在池塘边玩水，由于不小心，小张和小石不慎掉进了水塘里。这一情况发生后，另一同伴吓坏了，赶紧呼救，听到呼救声后，附近的居民周先生赶紧下池塘救人。可是，由于救助不及时，当两个孩子被救上来的时候，双双没了呼吸和心跳。居民们把两个小男孩送到了杏林医院，但最终还是没能抢救过来。6岁的小张来自贵州，今年读幼儿园中班。而9岁的小石来自重庆，在集美康德小学读二年级。这两个小男孩都暂住在杏林瑶山村。正值

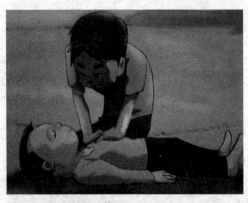

对溺水者进行急救

暑假，他们跑到附近的池塘玩，没想到就出现了这样的意外。见到自己孩子的尸体，家长伤心欲绝。一个仅仅6岁，一个也仅9岁，他们就这样失去了生命。

　　而就在不久之前，就在这个杏滨街道西滨的池塘里，8岁的小男孩小黄被人捞出池塘时也已经溺水身亡。小黄和表弟去池塘玩耍，没

想到小黄就这样在池塘里溺水身亡了。

在不到 1 个月的时间，辖区内相继有 3 名外来儿童因为到水塘里游泳而溺水身亡，这样的悲剧给人们敲响了警钟。这些池塘都是村民用来养鱼的，已有 20 多年的历史了。虽然在池塘边上都竖起了禁止游泳的警示牌，但还是有很多孩子跑到池塘里去游泳，由于池塘是用来养鱼的，所以池塘不可能完全封闭起来。面对 1 个月内两起小男孩暑期溺亡事件，我们不得不反思。由于这样的事故不断发生，人们开始高度重视，在杏滨街道管辖范围内的马銮海域，每天差不多有两三百人在这里游泳，因为这里属于夏季溺水事故的"高危地区"，所以在岸边醒目地树立着几块写着"水域危险，严禁游泳"的警示牌，还有两名带着红袖标的安全员不停地在岸上巡查，一旦发现有人到海里游泳，他们就会立刻上前劝阻。他们还进行了拉网式的排查，将辖区内 5000 多亩的池塘、水坑等存在安全隐患的水域进行了登记造册，并赶制了 500 多块警示牌竖立在每一个池塘的旁边，以防意外。街道还拨出经费为每个社区聘请 4 名专职的安全员，全天候在容易发生危险的水域巡查、督导。

像这样的事例比比皆是，有的地方很重视，可能亡羊补牢，为时未晚。可是有的地方并未采取有效措施，溺水的事例还是层出不穷。

2013 年 1 月 7 日，河南省光山县南向店乡天灯小学，在当天 14 点 10 分上课后，老师发现有几名学生没有到校上课，立即与学生家长联系，并且组织教师沿路寻找。15 点 30 分许，在距离学校不远处的一个河沟内，学生家长曹某发现有 4 个小孩浮在水面。这 4 个溺水者分别为一年级、二年级、三年级的在读学生。

2013 年 3 月 9 日 18 时许，5 名小学生在山西省河津市僧楼镇北王堡村农田一蓄水池玩耍时，发生意外溺水身亡。经全力打捞搜寻，在当日 20 时 20 分，5 名小学生尸体被全部打捞出水。

2013 年 4 月 28 日下午，湘乡市育塅乡发生一起 4 名小学生意外溺亡事故。原来，这 4 名小学生有 3 名是湘乡市育塅乡大桥学校五年级女生。另外一名是四年级女生。在考试结束之后，大家一起出去游玩，结果所选的游玩方式是下河游泳，导致溺水身亡。

2013 年 5 月 11 日 11 时，广东惠州市博罗县罗阳一中 8 名初二学生一起到东江边烧烤。在烧烤期间，一名男同学因为误踩江边沙石滑入江中，其4位同学发现后手牵着手去施救，结果都落入江中失踪。其余3位同学立刻报警求助。通过公安、消防及民间搜救队的共同努力，到当晚22时许，5名失踪学生遗体被打捞上岸。

据教育部门统计，青少年非正常死亡人数中，溺水和交通事故伤亡占近60%。多么骇人听闻的数字啊！

自救管理箴言

同学们要注意，当你走向游泳场地的时候，在愉快游泳、欢乐享受之余，不能忽略游泳存在的危险，应该谨防溺水事件的发生。

保持冷静，自救逃生

在游泳给人带来欢乐的同时，也存在很大的危险。因此，在游泳的时候一定要保证生命安全，千万不能因为贪图一时的凉快而失去生命。如果遇到溺水危险时，首先要做的就是不要慌张，要保持冷静，然后找到方法进行自救。

1. 呛水时的应变

呛水是指水从鼻道或口腔吸入呼吸道。一般初学游泳者，由于没有很好地掌握游泳呼吸技术或精神

游泳时，小心呛水

紧张，风浪较大，容易发生呛水。

（1）发生呛水时，应保持镇静，游泳动作不要乱。

（2）努力保持平衡，有节奏地呼吸。

（3）双手把持有浮力的物体，使身体保持平衡。

（4）迅速从水中脱离出来，待呼吸平稳再回到水中。

水吸入呼吸道，会阻塞呼吸道的某一部分，很快造成呼吸困难。另外，喉头和气管由于受到水或异物的刺激，会发生反射性痉挛，以致呼吸道不通畅，而引起窒息。如果发生呛水，易造成心理慌乱，身体不能保持平衡，接二连三地呛水，就可能使身体下沉，造成溺水。

2. 游泳时被水草缠住怎么办

水草长于水底，在水中随水流漂浮不定。游泳者在有水草的地方游泳，稍不注意，就可能被水草缠住。那么，如果遇到这种情况该怎么办呢？

（1）保持镇静。游泳者不幸被水草缠住时，最怕的是惊慌失措，行为异常。此时，应立刻调节呼吸，保持呼吸均匀，心态稳定。暗示自己没有问题，可以解决。

（2）沉着应对。使身体平卧水面，稳定情绪，慢慢地从原路解脱水草，迅速划水离开。在没有解脱水草之前，千万不要手脚乱动，或者直立起来，这样会越缠越紧，最终会因体力消耗大、精神紧张而造成更大的麻烦，甚至带来生命危险。

（3）急中生智。在解脱中，如果自己戴着眼镜，或者有刀子、锋利的石头，可以小心地把水草或者杂物割断。如果发现附近有人，应在保持稳定的基础上，高声呼喊，请求岸上的人员支援。

（4）加强保护。为避免出现水草缠身的危险，游泳爱好者应到指定的游泳区游泳，不要到水情不明的江、河、湖等地方冒险。出外游泳时宜多人一起，如此可以相互照应，万一发生不测，也可以互相帮助。

3. 遇到水中旋涡怎么办

旋涡是一种俗称，它是流体团的旋转运动，又称涡旋。在自然界当中，旋涡有的时候能够明显地看到，比如大气当中的龙卷风，河流里桥墩后的旋涡区，划船的时候产生的旋涡，等等。但是在大多数情况下，人们总是不容易察觉到旋涡的存在。例如，当物体在真实流体中运动的时候，在物体表面形成一层很薄的边界层，此薄剪切层中每一点都是旋涡；又如自然界大量存在着的湍流运动，充满着不同尺度的旋涡，这些旋涡都是肉眼难以看出来的。

我们所能够看到的旋涡，都是大范围运动的流体团。流体的运动一般非常复杂而且还存在众多的因素，比如我们放掉水池中的水时，就可以看到旋涡，其实这些都是由于地球自转造成的。在水情复杂的地方，水花翻滚、旋转、水流湍急，误入其中是非常危险的事情。那么，万一遇到旋涡该怎么脱险呢？

（1）保持镇静。游泳者不慎被旋涡卷住时，应调整呼吸，集中精力，立即使身体平卧在水面，主要是加大着水面积，同时也能保存体力，然后用蛙泳姿势以最快的速度奋力冲出旋涡。

（2）不能想当然处置。千万要注意，在旋涡中不可直立踩水或潜入水中。因为旋涡的中心吸引力大，不容易把面积大的物体卷入水底，而潜水与直立最容易被旋涡卷入其中。

（3）谨慎救援。当看到他人不慎被旋涡卷住时，迅速观察水面与遇险人员情况，做出正确的判断。

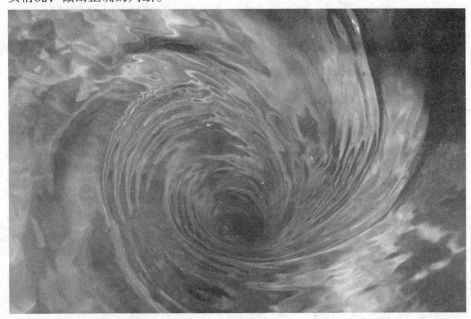

水中旋涡

如果溺水者清醒，体力尚存，能使用器材救援的，要使用器材，如用木棍、绳子、救生圈实施救助，使溺水者抓住木棍、绳子、救生圈，借力冲出旋涡。

如果溺水者意识丧失，体力消耗殆尽，救助者在体力充足的情况下，可以自己使用救生圈实施救助；没有救生圈时，可立即以自由泳姿势，以最快的速度接近溺水者。注意要始终保持身体平行于水面，接近旋涡前要调整呼吸，在最佳的方向（侧后方）靠近溺水者，防止被溺水者抓住与缠抱，使自己处于被动。一旦被溺水者抓缠，不能紧张，更不能与其纠缠，以免消耗体力过大，导致身体迅速下沉。

 自我管理箴言

　　游泳时，一旦遇到不明动物，无论多么突然、多么恐怖，千万不要紧张。因为人在紧张的状态下，就容易慌乱；一慌乱，就容易失控；在失控的状态下，非常容易做出荒唐的事情来。遇到海蜇时，千万不要靠近它，要立刻绕开它。遇到水蛇，要机智灵活，不要激怒它，更不能主动攻击它，应尽早离开危险之地。如果水蛇攻击你，要机智躲闪，可以采取用衣服、工具、拍打水反击的办法，把水蛇吓跑。遇到一些小的软体动物，不要恐慌，及时上岸处理掉，把伤口处理好就可以了。遇到鲨鱼、鲸鱼、章鱼要尽快躲避，朝安全地方游，或者立刻上船。

 # 游泳要注意安全

游泳在时下已经成为人们喜爱的运动项目之一，并且游泳的时节已经不止局限于夏季，在冬季时节也可以游泳，有的人喜欢户外冬泳，也可以选择去游泳馆游泳，不仅可以锻炼身体，也能够舒缓身心，游泳已成为青少年度假的好方式。但是游泳也存在着很多的安全隐患，每年因游泳玩水而溺水身亡的人数逐步增加，这需要人们时刻加以警惕，做好安全教育。

青少年游泳时要慎重选择游泳场所，不要到江河、湖泊去游泳。要选择有安全保障的游泳区内进行。严禁在非游泳区内游泳。非游泳区可能存在危险的"陷阱"，或是水流湍急，或水下杂草丛生，或水底地形复杂，这些都是非常危险的区域。

参加游泳的人要求必须身体健康，患有下列疾病的同学不能参加游泳：心脏病、高血压、癫痫、严重关节炎、肺结核、中耳炎、皮肤病、严重沙眼以及各种传染疾病患者。

青少年参加游泳应结伴集体进行活动，并且最好在有大人带领的情况下，不可单独游泳。游泳时间不宜过长，每20~30分钟应上岸休息一会儿，每一次游泳的时间不应超过2小时。

下水前要做好全身准备运动，充分活动各关节，放松肌肉，以免下水后发生抽筋、扭伤等事故。如果发生抽筋，要镇静，不要慌乱，边呼喊边自救。

游泳时，要慎重选择游泳场所

常见的是小腿抽筋，这时应做仰泳姿势，用手扳住脚趾，小腿用力前蹬，奋力向浅水区或岸边靠近。

此外，游泳前还应用少量冷水冲洗一下躯干和四肢，使身体尽快适应水温。

青少年不宜在太凉的水中游泳，如感觉水温与体温相差较大时，应慢慢入水，边走边搓身体，慢慢适应，并尽量减少下水次数，以降低冷水对于身体的刺激。

饱食或饥饿时，剧烈运动和繁重劳动后都不要进行游泳活动。

小学生对于外界的抵抗力较小，一般情况下不要跳水，可以在水中和同学一起玩抛水球的游戏，但不能够打闹，或者搞恶作剧，更不能够在水中下压同伴、深拉同伴，这样都容易发生溺水事故。

在露天游泳时，若是遇到暴雨，要立刻上岸，不要在水中逗留，此时的情况是很危险的，应该到安全的地方躲避风雨。

1. 河里游泳注意事项

河里水流急，河底坑洼不平，水的深浅变化很大，能够游泳的范围有限，不是哪里都可以游泳。

（1）救护人员要在一旁监护，即使在用绳子拉好标志的场所，也要确保安全。

（2）有岩石的地方很危险，千万注意不要碰伤了身体。

（3）要确定监护人在河边的位置，并设置明显的目标。

（4）要做好入水前的准备活动。

（5）水冷的时候，要有计划地上岸暖身。

（6）可以跳水的地方要注意水深。

（7）要确认水中无人。

2. 海里游泳注意事项

（1）在海里游泳，水的浮力要比泳池大，所以可以利用这个特点学会游泳。

（2）在海里一边体验辽阔的海域，感受海水的咸味以及大大小小的波浪，一边还要掌握漂浮和游泳的方法。

（3）面对漂浮着的海草、不时碰撞你的小鱼，你会沉浸在对大自然的惊奇和神秘之中，不要忘了还要学习那种心态愉快、放松的游法。

（4）游泳的时候，监护人一定要处于明显的位置。

（5）准备活动一定要充分。

（6）只要孩子们一入水就有危险，有必要专门设立救护人员（即教师、家长等成年人）。学生入水后要经常回头看看岸上的标志，不要离得太远。

（7）救护人员要站在海浪涌向孩子的一侧。

3. 海里长游

必须建立万全的制度，少数人进行长距离游泳是不安全的，必须有熟悉大海、水性娴熟的人陪同指导进行，有时还应配备船只和急救人员。只有制度完善、准备充分的长游，才能组织进行。

长距离游泳是与苦涩的海水以及大小海浪搏斗的过程，比起泳池的水，海水的浮力要大，一定要掌握心情平静、动作放松的游法。

长游给了我们重新认识环绕陆地的大海和海边自然环境重要性的机会。

小学中年级以 1000 米游 45 分钟为目标，高年级以 1500 米游 1 小时 10 分钟为目标。

海里的游泳准备：

（1）为了充分做好长游的准备，除了常规地把脸露出水面的蛙泳之外，还要练习自由泳、仰泳、蝶泳、仰浮、立泳（踩水）、潜行（潜泳）以及破浪前行的方法。

特别是立泳（踩水）在长游的队伍调整时总要用上，所以要牢牢掌握。

可以通过仰浮和潜水，去体验海水与泳池水的不同。

（2）长游前的预演：长游前，设置 200 米的泳道进行预游。水面上整齐地设置好标志（浮标、小旗或木桶等），列队

在海中游泳更要注意安全

环绕标志游。

　　身体情况不好，不要参加长游。心情不好，不想参加时，也不要勉强自己，这需要自己决定。

　　（3）在长游预演时，整个小组的速度分配是很重要的。基本上前后相间2米，左右相隔5米，当落后于小组队伍30米以上时不要继续勉强。

自我管理箴言

　　如果是在湖、海里游泳，最好是先向湖、海里走，等水到齐肩深的时候，再转过身来向岸边游。这样越游水越浅，就不会出问题。千万不要面向湖心、海里游，那样一旦遇到风浪或是体力支持不住，极易发生危险。

游泳时肌肉抽筋的应变对策

　　肌肉痉挛俗称"抽筋"，是指肌肉由于各种刺激而出现的强直收缩状态。常发生的部位是小腿和大腿，但手指、脚趾甚至腹部也会发生抽筋。

1. 常见抽筋的原因

　　寒冷刺激。通常来说，当在天气比较冷的时候进行锻炼，如果没有做好充分的活动准备，就容易发生抽筋。如果夏天游泳水温较低，也容易引起腿抽筋。在晚上睡觉的时候，因为被子没盖好，小腿肌肉受寒冷刺激，容易产生肌肉痉挛。

　　肌肉连续收缩过快。在进行剧烈活动的时候，因为全身处于较为紧张的状态，所以腿部肌肉收缩过快。如果放松时间过短，局部代谢产物乳酸增多，肌肉的收缩与放松难以协调，进而导致小腿肌肉痉挛。

出汗过多。如果运动时间比较长，而且在运动过程中出汗比较多，也没有及时补充盐分。体内液体和电解质大量丢失，代谢废物堆积，肌肉局部的血液循环不好，此时，也是痉挛的多发阶段。

疲劳过度。在进行长途跋涉的时候，小腿肌肉最容易发生疲劳。当其过于疲劳的时候，就会发生痉挛。

缺钙。在肌肉收缩过程中，其重要作用的是钙离子。当血液中钙离子浓度太低时，肌肉容易兴奋而痉挛。处于快速成长中的青少年，如果缺钙较为严重，则容易发生腿部抽筋。

如果抽筋过于频繁，可能与血管病有关。

2. 水中抽筋的急救要点

（1）解除肌肉痉挛。

（2）迅速脱离水面。

（3）避免造成溺水伤害。

（4）使机体处于休息状态。

3. 水中抽筋的应变对策

（1）手指抽筋。将手指握成拳头，然后再用力张开，这样迅速连续做几次，直到缓解为止。

过度疲累易引起抽筋现象

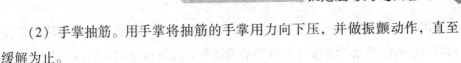

（2）手掌抽筋。用手掌将抽筋的手掌用力向下压，并做振颤动作，直至缓解为止。

（3）上臂抽筋。握拳，并尽量屈肘，然后用力伸直，反复几次，直至缓解为止。

（4）小腿或脚趾抽筋。先吸一口气，仰浮在水中，用抽筋腿对侧的手，握住抽筋腿的脚趾，并用力向身体方向拉，同时用另一手掌压在抽筋腿的膝盖上，帮助小腿伸直，持续一会儿，感到肌肉痉挛缓解，慢慢放松小腿。

（5）大腿抽筋。深吸一口气，身体仰卧水面上，屈曲抽筋腿，然后用双手抱着小腿，用力使之贴附于大腿上，轻轻做屈伸动作，牵拉大腿肌肉，解除肌肉痉挛。

（6）腹部抽筋。先深吸一口气，头部后伸仰浮在水面上。迅速弯曲两大腿靠近腹部，用手稍抱膝，随即向前伸直，注意动作不要太用力。

在水中解脱抽筋后，应慢慢游动，以免发生再次抽筋。解除抽筋，除牵引法外，还可以用按摩法，这种方法主要用于岸上。做法是用手揉捏、按摩，使之松弛。

自我管理箴言

抽筋发生时应注意保持镇静，不要慌张。上岸后擦干身体，按摩抽筋部位的肌肉，并注意保暖。抽筋后可叫人来救护或自救。

 青少年怎样安全潜泳

潜泳是在水面下游进的一种游泳技术，具有很高的实用价值。在打捞溺水者、打捞水下沉物以及水下工程作业时，经常会用潜泳。

潜泳有使用器具装备和不使用器具装备的区别，这里介绍的潜泳为不使用器具装备的潜水。潜泳有潜深和潜远两种，都可以从陆上跳入或从水面上直接潜入。

1. 潜深

这里介绍两腿朝下和头部先朝下两种潜深法。

两腿朝下潜深法：在踩水姿势的基础上，两臂前伸，身体前倾，大腿带小腿弯曲收紧，然后两臂用力向下压水，同时向下做蛙泳蹬水动作，使上体跃出水面，接着利用身体的重力，直体向下沉入水中，整个身体入水后臂向上划水，增加下沉速度，当达到需要的深度后，立即蜷身，将头部转向所需要的方向游进。

头部先朝下潜深法：在踩水姿势的基础上，两臂向后下方伸出，身体前倾，大腿带小腿弯曲、收紧，然后两臂向上用力划水，并顺势低头、提臀、举腿，接着臂向下伸直，在腿的重力作用下，使身体向下潜入水中。当达到需要的深度后，通过头部后仰、挺胸、挺腰动作，使身体由垂直姿势转为水平姿势。

2. 潜远

潜远一般采用蛙泳、蛙式长划臂、自由泳和蝶泳的姿势。在选择何种潜泳技术时，应根据个人的技术、身体条件和不同目的来决定。一般潜远的方法有下面四种。

蛙式潜泳：即在水面下用蛙泳方式游进。为避免身体上浮，头部应该与

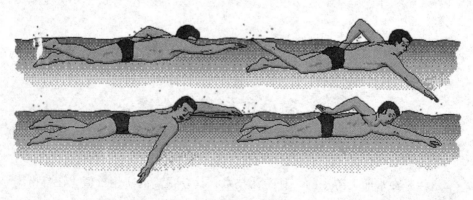

蛙泳的步骤分解图

躯干成一条直线。

蛙式长划臂：由臂划水路线长而得名，其速度明显比蛙式潜泳快，但在野外不熟悉的水域中，应谨慎采用，预防溺水事故发生。

自由式潜泳和蝶泳式潜泳均是两臂向前伸直，手掌并拢，头部在两臂之间，打自由泳腿或海豚腿游进。自由式蛙式混合动作，是打自由泳腿、蛙泳臂划水的配合动作。

在潜远时，身体在水中的位置应保持合适的深度，太浅了水面波浪增加阻力影响速度，太深则会因压力较大而消耗体力，一般潜深深度为距离水面50～80厘米。

自救管理箴言

做潜水练习，应循序渐进，量力而行，不宜争强好胜，最好是有老师或同伴进行监督，防止发生意外。潜泳时应睁开眼睛，最好是戴"水镜"，以观察方向和水中是否有障碍物。在透明度不好的水里，一般不宜潜泳。

在海水中如何求生

海上遇险不比一般的河流水面遇险，一般的水面遇险，只要掌握好自救的方法，在没有外力的帮助下也能脱险。但如果是在海面上遇险了，想靠自己的力量获救，成功的可能性很低。对于海上遇险的人来说，时间就是生命，掌握自救法则，对增加生存机会、挽回生命、搭救同伴至关重要。

1. 分清情况做决定

海上遇险也分很多种，如果是航行中的轮船发生火灾，那么就应该听从船务人员的指挥向上风方向有序撤离。撤离时，可以用湿毛巾捂住口鼻，防止被烟呛到或被有毒气体入侵呼吸系统，行动时要弯下腰快跑，迅速远离火区，避免身上沾上火苗。

如果遇到轮船因触礁而下沉的情况，应及时穿上救生衣，听从大人和船务人员的指挥统一行动，不可盲目跳海。如情况紧急需要弃船，就尽量穿得暖和一些，因为海上的寒风有时候是很难抵御的，有很多在海上遇险的人并不是死于溺水，而是死于海上的严寒。做好弃船的准备后，就登上救生筏或穿上救生衣，记住穿救生衣要像系鞋带那样打两个结。

如果没有救生筏，不得不跳入水里，应迎着风向跳，还要远离船边，避免撞上硬物。落水后要保持镇定，防止被水上漂浮物撞伤，然后寻找可以爬上去的漂浮物，比如大块木板，因为泡在海水中很容易被冻僵，沉入海底。就算水温不低，也容易被海洋中的凶猛生物攻击，脱离水面无疑是非常正确的一个选择。

海上求生者如果没有救生设备，那么在茫茫大海中得救生还的希望显然十分微小。据统计，约有80%的船只在失事后15分钟内沉没，而爬上救生设备的人则有94%获救。由此可见，一旦爬上救生设备，生存机会就会大大增加。

救生艇

2. 淡水和食物是维持生命的关键

对于求生者来说，淡水比食物更为重要。人体内储存有营养，只要每天给予适当的淡水就能维持较长一段时间。但如果没有淡水，则很难长时间维持。而且海上不像一般的江河，淡水想喝多少有多少。海上遇险，应当学会利用各种途径，获取淡水，想方设法维持自己的生命。

一般救生艇和救生筏内都储存有食物和淡水，用以应急轮船在海上出现意外情况。救生艇的食物可供额定乘员维持 7 天之用，救生筏内的食物可供 3 天用。在弃船后 24 小时内最好不进食，以后每天定额进食，尽量节省。如果在海上漂流时间较长，食物不足时可捕捉鱼、鸟和采集海藻补充。但如果没有充足的淡水供应，应避免食用这些东西，否则将会消耗体内的大量水分。

3. 坚定信心等待救援

在条件允许的情况下，离开大船时可以带上下列物品：带鞘的小刀、发信号用的哨子、皮手套、防水打火机（防水火柴）、毯子、衬衣、袜子、帽子、太阳镜、钓鱼线、鱼钩、小型救护箱等。不管有没有救生艇、救生筏都要穿上救生衣，并给救生衣充气。接下来的时间里，就是想办法发出求救信号，并且坚信自己能够撑下去，等待救援。

其实海上遇险的人过早死亡的原因并非是饥饿和干渴，而主要是恐惧。因而，海上求生的一个重要因素是必须具有不怕困难的坚强意志和生存下去的坚定信念。首先要克服绝望和恐惧心理，其次才是各种海上考验。在快要坚持不下去的时候，就多想想家人和朋友，坚定信心。

自我管理箴言

虽然海上环境十分恶劣，但人类在海上生存方面已经积累了相当丰富的经验，创下许多令人惊叹的生还奇迹。有的遇险者漂浮了很长时间后获救，如美国有 3 名太平洋舰队的飞行员在救生艇上漂浮 34 天后获救，还有 3 人在南大西洋上漂浮 83 天后获救。所以，我们在海上遇险时，一定不要自乱阵脚，要沉着应对，等候救援。

溜冰时落入冰窟怎么办

　　溜冰时，一定要加倍注意安全。滑冰或在冰面上行走时，冰面渗水，踩上去有声音的时候，很容易破裂。万一冰面破裂，就有可能掉进冰窟之中。

　　高一学生大江与同学4人相约在公园的人工湖上溜冰玩耍。玩了一个多小时后，当他们准备上岸回家时，不幸发生了。靠岸附近的冰层突然破裂，大江掉进了冰窟窿里，已在岸边的同学看到大江落水立刻大喊救命，大江的头在水里若隐若现，两只手胡乱挥动。

　　在附近溜冰的游客有七八个人，他们看到这种情况，自发地手牵手组成"人链"，他们希望用这种方法靠近冰窟窿中的大江，将他救起。但是因为冰面又薄又滑，"人链"体重过大，冰面断裂，"人链"跌落冰水中。由于"人链"手牵手，大家互相搀扶着，趁冰面没有完全破裂爬上了岸。此时岸上的游客也没有闲着，有一名游客拿来了他车上20多米长的绳子抛向大江，大江拽着绳子，先爬上冰面，然后他趴在冰面上，岸上十多人抓着绳子，将他拖向岸边。

　　一旦发生这种情况，应当如何自救呢？

　　（1）不要惊慌，保持镇定，要立即呼救。

　　（2）应当用脚踩冰，使身体尽量上浮，保持头部露出水面。

　　（3）不要乱扑乱打，这样会使冰面破裂加大。要镇静观察，寻找冰面较厚、裂纹小的地点脱险。此时，身

冬天谨防掉进冰窟

体应尽量靠近冰面边缘，双手伏在冰面上，双足打水，像游泳那样踢脚，向前滑上冰面。身体保持水平能减少被水流冲到水底的危险，也较易爬上冰面。

（4）双臂向前伸张，增加全身接触冰面的面积，一点一点爬行，使身体逐渐远离冰窟。

（5）如果有救援的棍子或绳子，应一手抓住棍子或绳子，另一手打破前面的薄冰，直至到达足以支承体重的厚冰处，然后趴下来，再被拉到岸上。

（6）离开冰窟口，千万不要立即站立，要卧在冰面上以减轻重量，然后匍匐滚到岸边再上岸，以防冰面再次破裂。

（7）专家特别强调，岸边施救的人一定不能盲目过去。冰面救援非常危险，非专业人员很容易自己也掉进去。救人的正确方法是找一根棍子，绑上绳子，从冰上向遇险者滑过去。如无绳子，可把运动衫、头巾等衣服连起来做绳子。如不能从岸边拯救遇险者，应趴在冰上，以分散体重压在冰面上的力。小心地向前爬行，把棍子向前推，至遇险者能握住棍子，就不要再往前爬，因为离岸越远，冰层越薄。如几人合力拯救而现场无其他工具，可连成一条人链。为首一人趴在冰上，向遇险者爬过去。第二个也趴下来，抓住前一人足踝，这样一个接一个，直至人链能从岸上安全地点接触到遇险者。

（8）如果遇险者无力抓牢绳子，可在杆子或梯子一端绑上一个绳圈，经冰面滑过去，叫遇险者把绳圈穿过头和肩到腋下，然后拉他上来。如拉不上来，把绳子另一端绑在树干上或柱子上，使遇险者不致下沉，然后去求救。

（9）拉上岸后，检查遇险者有无呼吸。如无，马上施行人工呼吸。如有呼吸，在其湿衣服外裹上干衣服或毯子，送往温暖的地方。如果遇险者不省人事，置其身体成复原卧式，用担架抬去。移到温暖处，替他换上干衣服，裹以毯子、睡袋。

自我管理箴言

水面结冰的情况很复杂，在冰上玩耍，也要注意观察冰面情况，以防掉入冰窟中。

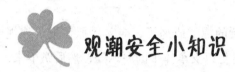

观潮安全小知识

每年都有不计其数的游客去钱塘江等处观潮，这本是件好事，但是年年都有人因观潮而受伤。例如：2007 年 8 月 2 日，杭州钱塘江潮水瞬间淹没了数十名江中嬉水的人。2010 年 10 月 10 日下午，在杭州钱塘江非观潮点围垦一工段水域发生钱塘江水卷人事件，共有 6 人落水，救起 2 人，4 人失踪。

事故的发生主要有以下两方面因素。

首先，潮水的威力巨大。据了解，潮景壮观之处往往是危险之处，涌潮的推进速度及摧毁力非血肉之躯所能抗衡。著名的钱塘江涌潮潮头一般为 1～2 米高，最高可达 3 米，以每小时约 20 公里的速度由下游向上游推进。每年农历八月十八左右的潮水最为壮观，能够看到一线潮、回头潮等特殊的涌潮。平时还有一种暗涨潮，在远处时波澜不惊，无法察觉，待到近身时却是铺天盖地，具有很大的隐蔽性和极大的危险性。

其次，危险固然有不可抗力，更重要的因素却是观潮者、沿江活动人员对潮水缺乏了解，安全意识不强，警惕性不高。很多事故都是由于人们缺乏对钱塘江涌潮危险性的了解，或是虽然有所知晓，却抱着一种侥幸心理，对危险置若罔闻而引起的。突出表现在很多外来人员对江堤上专门用于堤塘检查和维护等用途的出入门旁边的警示标语和标志视而不见，随意穿越，到河滩、丁字坝上去游玩、纳凉，甚至在江中游泳、洗澡。

防范措施：

（1）观潮时选择安全区域和地段，服从管理人员的管理。要注意沿江堤坝上的警示标志，并严格遵守。要服从管理人员的管理指挥，按照划定的区域停车、观潮。不要越过防护栏到河滩、丁字坝等上面去游玩、纳凉，更不

壮观的潮景

要在江中游泳、洗澡。

（2）潮景壮观之处往往是危险之处，涌潮到来，人切莫与其争道，避免发生人被潮水冲走的伤亡事故。

（3）掌握自救的方法。在面临危险的情况下，不要惊慌失措，要迅速、有序地向安全地带撤退，并立即向周边的工作人员或其他人呼救。撤离时，不要为了抢救财物而失去宝贵的自救时机。在万一落水或被潮水击打的情况下，要尽量抓住身边的固定物，防止被潮水卷走。周边人员在看到有人落水的紧急情况时，要迅速采取救援措施并立即拨打110报警。

自我管理箴言

　　青少年学生一定要谨记：涌潮"可远观而不可近玩"，涌潮到来，人切莫与其争道，避免发生人被潮水冲走的伤亡事故。

掉进泥潭后的自救措施

暑假期间，小磊和几个同学约好去草原旅游。这天清晨，他们准备好旅途所需的物品就出发了。到了草原不久，他们就遇到了麻烦。小磊看到离他不远处有一种不知名的植物，十分漂亮。他匆匆地向那边跑去。刚开始时，他感到脚下的地面有点软，也没在意，跑了没有几步，突然脚下一滑，双脚一下子陷了下去。这时他才明白自己跑到沼泽里去了。很快，烂泥已经没过了他的脚踝，慢慢向双膝逼近！

小磊吓得大声呼救，一个同伴听到呼救声后，马上跑到小磊附近，让小磊立即把身体后倾，轻轻地躺倒在沼泽上，同时张开双臂，十指大张，贴在上面。小磊镇静下来后，按着同伴所说的做法，慢慢趴在沼泽上。这时，其他几个同伴也跑了过来。一个同伴身上带着绳子，趴在地上，慢慢爬到小磊身旁，把绳子绑在小磊和自己身上。在大路上的其他同伴拉住绳子的另一头，使劲一拉，两个人同时离开了沼泽。幸亏这几个同学都懂得自救的技巧，否则后果不堪设想。如果不幸掉到了泥潭里，青少年可以采取如下紧急措施：

1. 心态要稳

当自己不幸陷入淤泥时，最关键的是稳定情绪，保持镇静，坚信自己能战胜困难，能顺利解脱，增强自信心。

2. 动作要正确

首先保持呼吸道畅通，使呼吸

外出谨防掉进泥潭

均匀，积存体力；其次双腿尽可能保持不动，双手及胳膊向下用力压水，最大限度地增加浮力，借着向上的瞬间"冲力"，迅速挺腰、抬头，再奋力划水，迅速离开危险水域。一次不见效，可以反复数次，直到成功为止。如果此方法仍不见效果，可以采取身体向前倾斜，深吸一口气憋住，以蛙泳姿态迅速使身体浮力加大，离开危险境地。

3. 积极救助

当发现他人不幸被淤泥陷住时，应立刻向被淤泥陷住的人呼喊，使其尽快镇定下来。如果发现陷入处距离岸边很近，可以使用木棍，或者绳子、衣服、腰带之类的简易救助材料，一头扔到被淤泥陷住的人附近，让其抓牢，而后用力将其拉上岸。

如果身边什么也没有，下去后要注意始终保持身体平卧水面，不能站立。接近被淤泥陷住者时，要冷静，以拉、拽的方式帮助解脱，不能被淤泥陷住者抓住或缠抱，将自己也陷进去。当一次解救不成功时，不要放弃，调节呼吸，恢复体力后，再进行科学的救助。

自救管理箴言

　　青少年学生一定要学会自救求生的技巧，当自己掉进泥潭或者沼泽中，学会为自己争取更多的营救时间。

河边石垛和栏杆切莫攀爬

　　公园里的湖边或者是一些开放的人工湖边，都有为防止行人掉入河道的石垛和栏杆，然而，这些看似安全的石垛和栏杆却隐藏着安全隐患。夏日，人们在湖边乘凉时，总是会坐在石垛上或倚在栏杆上聊天，尤其是一些调皮的孩子，有时一不小心就会掉到湖里。

北京市曾有一名小学生为了看清水里游动的鱼，攀上一处石垛，结果不小心掉了下去。幸好河道里水浅，孩子被及时救了上来，然而胳膊却摔骨折了，在医院里躺了一个多月。

除了孩子，坐在河边石垛上的成年人也不少，他们认为自己可以保护自己，如此掉以轻心，危险性可能更大，高谈阔论之际危险也在悄悄逼近了。

此外，栏杆的危险性一点儿也不亚于石垛，因为很多河边的石栏杆都因为管理不善存在着事故隐患，有些地方的护栏有裂痕，还有一些护栏已经摇摇晃晃，根本经不住大力推撞。而且河岸边的石栏杆大多只有50厘米高，只能作为防止行人失足落水的一般性防护，如果行人施加的外力超越了石栏杆所能承受的限度，就会使石栏杆断裂。

南昌市一名男子与朋友坐在抚河新洲闸口栏杆上说笑打闹时，不慎落入水中，后来被十余名民警和消防人员救援上岸。

扬州市八里镇玉带河边曾发生惊险一幕，两名孩子骑坐在河边栏杆上玩耍时，栏杆突然倒塌，孩子随即掉入河中。

面对以上情况，可采取以下防范措施：

（1）去河边乘凉、观赏鱼时，切不可攀爬石垛，防止不慎掉下水中。

（2）河边的栏杆是防护栏，是防止人员或者车辆掉入河中而设的，因此，切勿依靠栏杆，如果发现有断裂或松动的栏杆，一定要远离。

（3）身边有孩子时，要警告孩子不要骑在栏杆上玩耍，提防掉进河里。

自我管理箴言

青少年学生在放学的路上一定要提早回家，不要到河边游玩，更不要翻杆去河中游泳。

学习救护溺水者

第一课：开口、清除口中异物或钳舌

溺水者往往因脑充血而有中风现象，致使咀嚼肌痉挛，牙关紧闭，口难张开，口中的淤泥、杂物和呕吐物等堵塞住口腔。

1. 仰头举颏法

（1）救护人员用一只手的小鱼际部位置于伤员的前额并稍加用力使头后仰，另一只手的食指、中指置于下颏（下巴）将下颌骨上提。

（2）救护人员手指不要深压颏下软组织，以免阻塞气道。

2. 仰头抬颈法

（1）救护人员用一只手的小鱼际部位放在伤员前额，向下稍加用力使头后仰，另一只手置于颈部并将颈部上托。

（2）无颈部外伤时可用此法。

3. 双下颌上提法

（1）救护人员双手手指放在伤员下颌角，向上或向后方提起下颌。

（2）头保持正中位，不能使头后仰，不可左右扭动。

（3）适用于怀疑颈椎外伤的伤员。

4. 手钩异物

（1）如伤员无意识，救护人员用一只手的拇指和其他四指，握住伤员舌和下颌后掰开伤员嘴并上提下颌。

（2）救护人员另一只手的食指沿伤员口角内插入。

（3）用钩取动作，抠出固体异物。

第二课：排出溺水者腹水的方法

如果溺水过程中，溺水者喝水过多，需排出腹水。只有排出了腹部的水，才可能进行人工呼吸。如果溺水者处于昏迷、休克状态，则首先进行人工呼吸，前提是将溺水者口腔内的杂物清除干净。

1. 膝上倒水法

救护员一腿下跪，另一腿屈膝，将溺水者腹部放在屈膝的腿上，一手抓住其头发，使溺水者的头上抬一点，一手用力下压背、腹部，使水排出。

2. 提腹倒水法

救护员两手相交，托住溺水者腰腹部，将溺水者头朝下提起，并有节奏地上下用力抖动，倒出腹水。施救时救护员的两腿要夹牢溺水者下肢，以便保护溺水者。

3. 民间倒水法

溺水者卧伏锅上，腹部置于锅顶，头朝下，下颚抵在锅上，在溺水者腹背上给予一定的压力，以倒出腹水。除此之外，在一些农村地区，在搬运溺水者的过程中将其头部朝下，腹部置于牛背上，在牵牛走动的时候，牛背来回摆动会对溺水者的腹部产生一定的压力，这也是一种很好的方法。

当然，上面所提到的方法也不是万能的，如果无法倒出水来，那就不要犹豫了，要及时送医院。

第三课：给溺水者人工呼吸的方法

溺水者口腔中异物排出后，就可以施行人工呼吸。人工呼吸是使溺水者恢复呼吸而生还的最有效方法。因此，应不失时机地尽快施行。

1. 做人工呼吸须具备五个条件

（1）溺水者呼吸道畅通，空气容易入出。

（2）解开溺水者衣扣，防止胸部受压，使其肺部伸缩自如。

（3）操作适当，不能造成肋骨损伤。

（4）每次压挤胸或背时，不能少于1/2的正常气体交换量。

（5）必须保持足够时间，只要还有希望，就一定坚持人工呼吸。

2. 进行人工呼吸前应注意事项

（1）清除溺水者口、鼻内的赃物。

（2）解开溺水者衣领、内衣、胸罩，以免胸廓受压。

（3）仰卧人工呼吸时必须拉出溺水者舌头，防止因为舌头后缩而阻塞呼吸。

（4）检查溺水者的身体状况，如果女性有身孕，需要选择适当姿势，否则，可能会造成新的伤害。

第四课：给溺水者胸外按压

给溺水者胸部按压的方法适用于溺水者无心跳或心跳极微弱的时候。胸外压放心脏又称为胸外心脏按压或体外心脏按压法。这种方法是利用在胸廓外的压力，间接挤压心脏，使心脏收缩和舒张，恢复功能。有时候，虽然溺水者神智消失、心脏和呼吸停顿，但没有真死，这仅是"临症"死亡。这是死亡过程的第一个阶段。当进行到第二个阶段的时候，也就是"生物上"的死亡，即真死，人体脑部、呼吸、心脏等各器官均处于瘫死状态，此时的人工呼吸与胸外压放心脏已经起不到任何作用了。

在死亡过程中的第一个阶段和第二个阶段中，是生与死的状态，在这个过程中，如果想要最后挽救溺水生命，那就要施行口对口人工呼吸与胸外压放心脏法。

胸外压放心脏具体方法：溺水者仰卧，救护员跪在溺水者身旁，将一手掌置于溺水者的胸骨下端，另一手掌覆在上，两手掌重叠在一起，两臂伸直，借助身体的重力，稳健有力地向下垂直加压，压力集中在手掌根部，使溺水者胸骨下陷3~4厘米，压缩心脏，然后抬起手腕，使胸廓扩张，心脏舒张。这样有节奏地多次进行。对10岁以下儿童可用单手掌压放心脏，另一手扶住溺水儿头部。对两三岁幼儿则用食指和中指同时按压心脏即可，用力程度要适中。

施行胸外心脏按压法和口对口人工呼吸法相配合，同时进行。当两名救护人员进行施救的时候，一救护员实施胸外心脏按压，另一救护员施行间歇的口对口人工呼吸，并按压颈总动脉，检查心脏是否恢复正常搏动。

对溺水者岸上急救是一套综合措施，如搬运、检查溺水者情况、清除口鼻中异物、排出腹水、人工呼吸、压放心脏及转送医院……但并不一定非要全部按照这个顺序救治，在真正救治的时候，应当抓主要的先做。如呼吸或心脏停止，应想办法做人工呼吸或心脏按压。如果条件允许的话，多名救助人员可以同时进行急救。如清除口鼻中异物后，一边做人工呼吸或胸外心脏按压，其他的人员可用毛巾擦干溺水者身上的水，从溺水者肢体的远端向近端推摩，以促进血液回流。这样节约了时间，溺水者存活的希望也就更大。

第七章 防骗防拐——勿让不法分子侵害自己

　　当今社会发展越来越快，人们的生活水平不断提高，与此同时也为一些盗贼及不法分子提供了相对的犯罪空间。当发现盗贼或不法分子正在犯罪时，如何有效地进行报警以确保自身安全，已成为人们十分关心的问题。

识别常见诈骗类型

　　俗话说：孙悟空有 72 变，人间有 86 骗。骗子在中国乃至世界上盛行多年，骗子的方法多，隐蔽性大。由于"诈骗"这种行为完全不使用暴力，是在一派平静甚至"愉快"的气氛下进行的，而被骗者受到的不仅仅是经济上的损失，更是人一生中抹不掉的精神折磨；被骗一次就像吃了一个苍蝇，上当一回会懊悔终身。

　　2010 年 7 月 11 日上午，长沙马家庄的宋先生上网聊天时，深圳的老同学任先生上线了，与他视频聊天。一阵寒暄后，老同学敲出"我有个亲戚出了点意外，现在急着用钱，请先帮忙汇 2 万元救急"。

　　宋先生和任先生从小玩到大，感情很好。宋先生当即决定汇款，对方给

谨防诈骗

出了一个户名叫"汪良"的农行账号。身为律师的宋先生，非常有证据意识，对陌生名字很警惕，他当即问：

"汪良是谁？"

对方回答："一个外地的朋友，出了点意外，现在等钱救命，你帮不帮我啊？"宋先生回复，他办完手中的事，就去汇款。突然，对方又发消息："你不帮就算了，在耍我吧？"

宋先生对老同学的为人十分了解，"在耍我吧"应不会出自老同学之口。心存疑惑的宋先生，立马拨打老同学的手机，得知老同学正在深圳开往惠州的车上，此时并未上网。

与此同时，宋先生发现，视频聊天窗口中，老同学还在埋头敲字，并未接他的电话；宋先生要求开通语音聊天，但遭到对方的拒绝。宋先生断定，肯定是有人利用截取的视频录像，冒充老同学行骗。

诈骗在生活中普遍存在，常见的骗局分为以下几种：

1. 经济骗局

人们不约而同地达成共识，构成经济系统的要素（或环节）有四点：生产、消费、分配和交换。骗局附着在这些要素上，便形成生产骗局、消费骗局、分配骗局和交换骗局。

（1）生产骗局。生产骗局表现在用欺骗的手段获得对生产工具（如农业生产中的犁、耙、锄、镰、收割机，工业生产中的锯、钻、刨、钳、起重机）或劳动对象（如自然中的土地、河流、矿山，经过劳动加工的原料中的纺纱用的棉花、制造机器用的钢材、建筑厂房用的水泥）的占有权，或者是使用权、控制权、转让权。在生产骗局中，骗局不仅可以布设在对生产工具和劳动对象的占有权、使用权、控制权和转让权上，还可以布设在"生产工具改变劳动对象"的过程中，也就是当事人受骗后心甘情愿地按照骗子的意志，生产骗子需要的东西，或者根本无法生产，或者生产不出"适合自己需要"的东西，而此时骗子已将利益或好处骗到了手。

（2）消费骗局。骗局发生在消费，特别是个人消费领域，消费可以说是最普遍、最广泛的事情，无论什么人，只要活着，一天也离不开消费。经济骗子行骗，就是希望不做贡献而最大限度地获得消费数量。他们把骗局布设在与人们生活息息相关的衣食住行、吃喝玩乐之中，布设在公共消费的各个方面，目的就在于获取尽可能多的非法经济利益。

（3）分配骗局。在阶级社会里，任何分配方式都可以成为骗局的载体。按劳分配是社会主义制度下个人消费品分配的基本原则，但处于社会主义初级阶段的我国，按劳分配还不能成为唯一的分配方式，故按个体劳动者的劳动成果分配、按生产要素（资本、技术、土地、劳动力等）分配、从社会保障中取得各种收入等，作为其他分配方式存在于我国目前的社会生活中，骗子布设经济骗局又有了新的广阔领域。

（4）交换骗局。围绕货币产生的骗局成为经济骗局的主流。有了货币便有了金融，金融一般是指货币流通和银行信用有关的一切活动，主要通过银行的各种业务来实现。银行在实现各种业务的过程中，骗子欣然介入，于是便有了票据骗局、借贷骗局、存折骗局、信用卡骗局、结算骗局、伪钞骗局，等等。

2. 政治骗局

政治骗局是以政治为载体，并围绕政治展开的骗局。政治的定义是集中表现经济的社会力量，通过争取和运用领导、决策、管理等权力，调节统治利益与全局利益等社会矛盾的过程。从此概念出发，如以政治手段为标准划分，恐怕划出来的骗局数不胜数，如改变骗局、解散骗局、驭驾骗局、笼络骗局、谗毁骗局、诬陷骗局、诽谤骗局、离间骗局、拍马骗局、恐吓骗局、结党骗局、中立骗局、逞强骗局、示弱骗局、拉拢骗局、愚弄骗局，等等。

这样划分，是无法完全概括政治骗局的种类的。假如以政治的权力要素和功能要素为标准划分，基本上可以把以政治为载体的各种骗局划分为三个类别，即领导权骗局、决策权骗局和控制权骗局。

3. 文化骗局

人类需要经济，需要政治，同样也需要文化。文化不仅能使人类所创造的生产、经济、政治等各方面的实践经验、实际成果得以保存、交流和传播，而且能使人类的种种经验和文明成果得到提高和发展，从而推动社会不断前进。具有寄生性的骗局是个非常奇怪的东西，当它附着在经济上的时候，是种经济现象；当它附着在政治上的时候，是种政治现象。如果附着在文化上它会怎样呢？毫无疑问，又是种文化现象。文化，按照一些学者的观点，是由技术经验系统、理性知识系统、社会规范系统、文学艺术系统、崇拜信仰系统等要素构成。据此，我们对文化骗局类别进行细分的时候，可以分为技术经验骗局、理性知识骗局、社会规范骗局、文学艺术骗局、崇拜信仰骗局，等等。

自我管理箴言

青少年一定要明白：当前，网络骗子、手机骗子、生活骗子、金融骗子、教育骗子、求职骗子、商业骗子、街头骗子、婚色骗子、传销骗子、江湖骗子等很多，骗子不断"创新"出许多闻所未闻的新骗术。人们在上当受骗后的第一反应是"报警"，但，事实上抓骗子容易，指证很难，不是所有骗你的人都能够被绳之以法的。

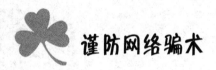

谨防网络骗术

网络骗术，是指通过网络手段散发信息，寻找诈骗的目标，并利用网络来实施诈骗钱财的行为。互联网的发展既带来了无限的商机，同时也潜伏着各种陷阱。这些陷阱的隐蔽性很强，使网民防不胜防。尤其是中小学生，由于心地单纯善良，极易成为骗子的目标。因此，同学们有必要了解一下网络诈骗的手段。

1. 网络交友诈骗

许多学生都很喜欢在网上交友。中小学生社会经验少，因此很容易被骗子的风趣以及才学吸引。当双方聊得越来越投机的时候，骗子就会向学生诉苦，这样一来，一些学生会主动提出帮助骗子。等骗子把钱拿到手以后就会消失，接着会再换网名，继续用相同的手段来欺骗其他人。还有一些骗子会提出见面，同学们切忌单独和网友见面，可以由父母或者可靠的朋友陪同，并要把见面的地点选在自己熟悉的地方，不要接受对方给你的饮料或者食物。

小心掉进网络陷阱

2. 中奖骗局

虽然同学们都知道天上不会掉馅饼，但是当事情发生在自己头上的时候，一些同学难免会抱有侥幸的心理，盼望自己真的可以中奖。其实，这种中奖骗局的目的无非是骗钱。所以，同学们不要被骗子的诱饵冲昏了头脑。

3. 幸运邮件骗局

这一类型的诈骗主要是利用团体内部成员对专业性团体、种族以及宗

不要被网络骗子抛出来的诱饵蒙蔽了眼睛

教的信任而实施的诈骗行为。在邮件中，骗子会要求学生寄出数额较小的钱给邮件名单中的人，如此一来就可以享受幸运，否则就会发生不幸。如果你认为把自己的钱寄给其他人，其他人也会寄钱给你，那你就大错特错了。

4. 付费广告骗局

现在网上有许多付费广告，可是广告的点击率往往不高。一些站长为了提高广告收入，通常会将广告链接改为一些吸引人的文字，然后用邮件的形式发给其他人。若是你感兴趣，想要看看这些链接到底是什么，则在看的同时就使其他人赚了钱。

5. 定金、预付款诈骗

一些不法分子会在网上开骗人的网店，网上承诺得十分好，网上的电话、地址等信息十分详细，同时还把公司的网页做得很精美，从而给人很正规的错觉，实际上却是大骗子。这些人通常会用表面的东西来博得学生的好感，从而骗取定金或者预付款。

6. 网络求助诈骗

人与人之间互相帮助本来很正常，可是一些居心不良的人却利用了这一点。他们往往会在网上写一封感人的求助信，之后再用群发系统到处散发。如某某成绩优异，但是由于家境贫寒不得不辍学，急需大家的帮助；某某得了白血病……学生本就天真善良，看到这样的信息以后通常会慷慨解囊，如此一来便掉进了他们精心设置的骗局里。

自我管理箴言

网络诈骗的方式还有很多，如网络传销骗局、"无风险投资"诈骗、出书骗局等。网络具有虚拟性的特点，因此骗子实施完诈骗以后很难被人找到。为了免受网络诈骗的伤害，中小学生要小心谨慎，增强防范意识，不要被网络骗子抛出来的诱饵蒙蔽了眼睛。

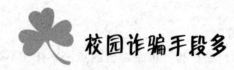

校园诈骗手段多

诈骗是以非法占有为目的，用隐瞒真相或者虚构事实的方法，骗取较大金额的公私财物的行为。由于诈骗不使用暴力，是在平静的气氛下进行的，再加上受害人往往没有防范意识，因此很容易上当受骗。尽管诈骗的形式有许多种，但却有着共同点，只要同学们把握住这些共同点并加以防范，就可以防止自己落入圈套。一些骗子的手段并不是很高明，有时候中小学生之所以会上当受骗，离不开自身的原因。通常情况下，由于学生的单纯、幼稚，从而让骗子能够顺利得手。

常见的校园诈骗手段主要有以下几种形式：

1. 以特殊身份实施诈骗行为

这一类型的骗子往往以社会上的"名流、能人"的名义实施诈骗行为。比如谎称自己是公安人员、导演、气功大师、商人等，将自己的身价抬高，对于一些难办的事情表示自己有足够的能力去解决。这种诈骗形式比较单一，比较容易被识破。

2. 借熟人关系实施诈骗行为

这一类型的骗子通常是冒名顶替或以朋友、老乡的身份实施诈骗行为。而受害人通常出于"哥们儿义气"或碍于面子，而"束手就擒"，甚至有一些人将有人求助当成是一种荣耀，并认为"宁可信其有不可信其无"，做出"慷慨解囊"的行为。

3. 以急需别人帮助的身份实施诈骗行为

这一类型的骗子常以财物丢失或者走失的落难者、灾区群众、学生等名义实施诈骗行为。这种诈骗形式较为原始，只要同学们稍加思考便能识破。

4. 骗取信任，再寻机实施诈骗行为

许多骗子经常会利用一切机会拉近与中小学生的关系，或表现得十分感慨，以朋友相称，或者表现出相见恨晚而故作热情，骗取信任以后再实施诈骗行为。

5. 以次充好，恶意行骗

有的骗子利用学生辨别货品的经验不足，又希望物美价廉的特点，上门推销各种伪劣产品，使其上当受骗。更有一些去学生宿舍推销产品的人，看到宿舍里面没有人的时候，还会顺手牵羊，之后溜之大吉。

自我管理箴言

> 诈骗的形式多种多样，只要中小学生端正心态，不让虚荣心作祟，不贪图小便宜，遇事认真分析，就一定不会上当受骗。

快乐旅途防 "诈" 指南

俗话说 "在家千日好，出门一日难"，可见骗子们如果熟悉当地环境，就容易对外来人员行骗，而即使事后识破骗局，追讨难度也会很大。

1. 受骗者亲历：匆忙上公交，买了假手机

小龙的朋友小张在公交车站等车，旁边过来一个人，要卖他一部崭新的高端手机，看起来手机确实不错，价格也很低——市面上至少2000元以上，但对方说手机是水货，所以低价出售。

一开始对方张口要800元，小张没搭话，对方又主动将价格降到500元，

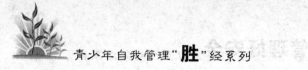

小张开始不想买，不过看那手机确实很高档也很新。

这时候手机是真的，但是等你确定要的时候，他可能会改变主意，或者想办法拿回去一次，因为他需要拿回真品进行调包。

小张说300元就要，他磨蹭半天，显出极不情愿的样子，等远远地看到公交车来了，这才赶忙答应："就算我吃亏了，反正我也用不着，那就300元给你吧。"

此时小张着急上车，来不及仔细看。等上了车再看手机已经是假的了，只有壳子，明显轻了不少，从手机前面的玻璃就能看到，手机里边全是用填充物和胶水组合的。

回到住处，小张还对这起骗局愤愤不平，同寝室的朋友小龙看电池还有点分量，问他电池不知道是不是真的，小张说应该是吧。

结果两人揭开外皮一看，里面是块玻璃……

其实，街头骗局就是瞒天过海，打时间差，让你在仓促之间不加防备，从而中招，这是街头常见的诈骗伎俩。

2. 病急乱投医，假期春运多假票骗局

很多网上骗局的打折机票的信息，往往比实际折扣价还低，网页上还留下400全国统一服务热线，让你觉得比较放心。电话订票中，"工作人员"表示将派专员送票，但要求先前往银行打款。

资深黄牛，在平时一般会每张票加价30~50元，假期和春运每张加价50~100元。但冒充黄牛诈骗的，往往会拿假票应付你。

3. 车站超市价格高骗局多

2011年6月的一天，陈小姐从石家庄乘火车去长沙，由于她不喜欢吃火车餐，于是她决定在石家庄火车站旁边的小商店里购买两瓶矿泉水、两桶方便面以及几包饼干到车上吃，总共13元。

她递给收银员一张100元的钱，收银员认真看了一下确认钱是

快乐旅途，谨防诈骗

真的情况下，找给陈小姐一大沓零钱，陈小姐接过找零的钱一数，发现只有85元，少找了2元，于是她告知了收银员。

收银员拿过钱一数，装作恍然大悟的样子，爽快地承认了，然后单独从旁边的一沓钱中拿出两张一元的补上，将钱卷成一沓递给陈小姐，陈小姐一看钱补上了，也就没再数一遍，就顺手接过塞到口袋里了。

上车后，她想要买水果，掏出钱一数，却发现钱少了40元，只有47元，这时候她才知道自己上当了。

4. 长途客车骗偷结合，团伙作案

2012年9月7日，嫁到浙江台州的陕西安康女子朱莉（化名），从工作的温州市回台州的婆家看望孩子后，搭乘一辆前往温州的大巴车。中途上车的4个男女用易拉罐中奖方式骗取乘客钱财，朱莉当场揭穿了他们的骗局。

恼羞成怒的骗子开始围攻朱莉，并拿出匕首威胁，在没有一个人帮忙的情况下，朱莉没有退缩，和歹徒扭打在一起，歹徒最终下车逃走。受了轻伤的朱莉下车报警，并跟随民警搜寻歹徒，虽然暂未抓获歹徒，但朱莉表示就算下次遇见歹徒，她还会挺身而出。

青少年朋友在旅途中要谨记以下几点：

（1）不轻信在车站等场所遇见的所谓"老乡"、卫生部门工作人员等，遇到疑问应咨询车站内的工作人员、民警或保安。贵重物品一定要随身携带，勿交陌生人保管。

（2）尽量到铁路部门指定的售票点购买车票。通过陌生人购买车票存在极大风险，购买火车票时应注意：不要让随身携带物品脱离自己的视线，防止骗子施以调虎离山计，乘机骗、盗。

（3）长途汽车上的"红蓝铅笔"等赌博与街头赌局一样，往往掺有魔术技巧，最好的办法是不动心、不参与。

（4）坚信"天上不会掉馅饼"，远离长途汽车上"易拉罐"等任何形式的中奖诱惑。

自我管理箴言

　　人在旅途，势单力薄，应拒绝金钱诱惑。不要听信陌生人的说辞，进行交易活动。

 # 冷静应对敲诈勒索

　　当今社会，敲诈勒索的违法行为时有发生，对此，我们必须高度警惕，采取有效的防范措施。

　　（1）对于主动给手机号码或者电话号码，主动要求见面的人，要非常小心，犯罪分子一般都希望尽快得到猎物，尽快下手。

　　（2）犯罪分子一般都会寻找有经济能力的、随身携带贵重物品的人下手。

　　（3）对于不是本地的网友却非常想从外地来见面的，需要格外小心，他们可能会从路费上做文章提要求，或者会趁机作案，逃之夭夭。尽量减少接触网友，见的人越多，风险越大。如果一定要见面，最少经过 1~2 个月的仔细沟通。如果真的要与网友私下约会，见面地点必须坚持在人多的公共场合，坚决禁止带陌生人回家、开房等。

　　（4）见陌生人时，身上尽量避免带过多财物，如手提电脑、贵重手机、手表、首饰以及过多现金。另外，避免将身份证、学生证等有效证件携带在身上。

　　（5）无论是否见面，你与陌生人交往都要严格保守你的个人隐私，不要轻易透露你的财产状况，不要透露你的具体学校地点、住宅地点、住宅电话以及有关家庭的隐私信息，所有没有见过的人都不可过于相信。

（6）如果出现人身财产损失，应该立即报案。犯罪分子一般会利用受害人不愿声张、害怕泄露隐私等进行敲诈勒索。如果你受到侵害，请你务必报案，公安机关只关注犯罪分子和案件本身，会保护你的隐私。

另外，在外地遇到坏人讹诈时，也要采用一些巧妙的应对方法：

（1）一人出门在外，人生地不熟，容易受到流氓等坏人的讹诈。比如他故意往你身上一撞，然后说你把他的眼镜撞到地上摔碎了，或者事先包里装好碎片往你身上一碰，然后诬赖你撞坏了他的古董等，借此向你勒索钱财。遇到这种情况，你应该果敢地提出与其到当地公安机关解决问题。这样就可以抑制其气焰，并使其阴谋无法得逞。

（2）如果对方人多势众，行人又不敢多管闲事，他们的气焰会更加嚣张，稍有不从，便可招致拳打脚踢。这时可暂时屈从他们的淫威，但也要尽量讨价还价，争取少费钱财脱身。同时记住讹诈者的人数、特征，随后到公安部门报案。

自我管理箴言

为防止坏人讹诈，一人出门在外，应尽量远离人多拥挤之处，不随便与人谈论自己的情况，对有意靠近自己身体的人更应警惕。

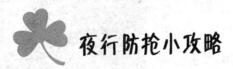

夜行防抢小攻略

深圳警方曾经查获一名抢劫犯罪嫌疑人徐某。21岁的徐某虽然只有高中文化，但却潜心研究"抢术"，并绘制了一张关于抢劫的函数曲线图。他以时间为 x 轴、单身女人出现概率为 y 轴，由此来计算或推导自己抢劫的成功概率，并针对各种情况定下相应的应对措施。此外，对自己准备作案前的心理及作案手段、方式都做了细致的总结，真可谓煞费苦心。应对防抢须注意以下方面：

（1）尽量避免深夜单独外出或去偏僻的山林野地、建筑工地、江边河滨等地段。夜间上下班或外出的女性，应尽量结伴而行或由亲友陪同、接送。

（2）女性应避免穿鞋跟太高太细的鞋、紧身的裤装及过窄的裙子，否则在遇袭时不便逃跑。

（3）在包中装一瓶辣椒水或带喷头的发胶，关键时用于自卫。

（4）女性夜间外出，应事先告诉家人或朋友自己的去向，何时回来。此外，一定要保持手机联络的畅通。

（5）在市区骑车或步行时，尽量选择灯光明亮、行人和车辆较多的路段，切忌为抄近路，而走偏僻、光线昏暗的路段。

（6）不将手机挂在胸前；不将挎包放在未封闭的自行车篮内；远离机动车道，走在自行车道或人行道右侧，将挎包背在右肩上，以防飞车抢夺。

（7）年轻女性遇有陌生男子问路、问人时，不必太过热情为其带路或寻找。行走时，与陌生男子保持必要的安全距离。

（8）时刻注意周围动静，不要边走路边打电话或欣赏音乐——打电话会引起歹徒的注意，而欣赏音乐则会分散自己的注意力。

歹徒在跟踪作案过程中一般会在事主前后来回试探，跟随一段距离，然后伺机动手。

冷静应对持刀抢劫

所以，在行走中要注意自己前后的车辆及行人的动态变化，遇有摩托车、自行车或陌生人靠近自己时，要注意避让。如果怀疑有人跟踪，可试着横穿马路，观察对方的反应，做出判断。如果发现对方紧跟不舍，要立刻向附近商店、旅馆、居民小区等人多的地方走，以便必要时呼救求援，或登上驶来的公交车辆，及时摆脱；切莫慌乱，进入黑暗、无人的胡同、巷道。

（9）在偏僻路段，发现前方路边停有摩托车或自行车、站有可疑人员时，应提高警惕，或走岔道回避，或掉头返回。如果有出租车过来，可立即打车；也可以向来往车辆求援。

（10）不要随意搭乘陌生人的便车；不与陌生人合伙乘坐出租车。乘坐出租车时，要留意车辆标志、车牌号码及司机的姓名、体貌特征，避免乘坐无照经营的黑车。夜深人静时，如果感到害怕，尽量请出租车司机目送你回家后再离开。

（11）男士遇有陌生女子引诱、挑逗或邀请到某个地方约会时，切莫随意跟着走，防止被色情抢劫。

（12）途中，尽量不要进行 ATM 机取款操作；进出银行时，注意身后及周围有无可疑人员尾随、盯梢或隐藏。

（13）快到家门口时，留意一下周围的情况，不要让歹徒尾随入室。如有可能，打电话通知家人接应。

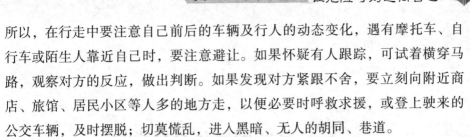

自我管理箴言

　　遭遇抢劫时，要保持冷静，此时确保人身安全是第一位的，如果周围行人稀少，尽量不要呼救，防止歹徒行凶伤人；应尽可能与歹徒周旋、搭讪，拖延时间，可采取默认的方式按歹徒要求交出部分财物，使作案人放松警惕，同时准确记下其特征，然后瞄准时机向过往车辆或行人大声呼救，逃脱魔爪。在周围人员较多的情况下，一定要大声呼救，以引起人们的注意，同时起到威慑歹徒的作用。

防范绑架的安全常识

在大多数人的印象里，只有富豪或知名人士才有可能被绑架。但近年来，即使是平民百姓，也有可能成为被绑架的对象，绑匪要求的赎金通常不太高。在逛街或在银行办理业务时，都有可能成为被绑架对象或人质，此时损失的不只是金钱，还可能是容貌受损甚至危及生命。掌握一些预防被绑架的常识，有助于确保人身安全。

绑架是指以勒索财物为目的，使用暴力、胁迫或麻醉等方法，劫持要挟人质的犯罪行为。一旦自己遭遇绑架时，一定要沉着应对，不能轻举妄动，要切记以下几点：

（1）青年男女，应避免炫富，不显露家里收藏有很值钱的字画、古董等宝物。

（2）如果你在当地是妇孺皆知的富翁，你及家人最好减少单独外出或一人在家的机会，不要随意透露自己或家人的生活、工作、出行计划以及行踪等情况。

（3）如果一个人或与小孩在家，不要轻易为陌生来访者开门。

（4）注意发现自己经常活动和出入的地方有无可疑人员与迹象，因为绑架案件通常发生在被绑架对象经常活动和出入的地方。

（5）从犯罪分子绑架的手段可以看出，绑架的对象不仅仅是大富

遭遇绑架时，要沉着冷静

大贵者，平民百姓也可能不幸成为绑架的受害者。因此，每个成人都有责任做好防范工作，防止自己及小孩被绑架。

（6）不要轻信"网友"，不要随便邀约不太熟悉的网友、朋友到家里，或应陌生人之约外出。

如果被网友等陌生人约出，上了对方的车后感觉气氛异常时，如里面有多名陌生男子，表情凶神恶煞等，应装作若无其事、毫无警觉的样子，然后在车辆等红灯时突然开门逃跑，或借口取款、拉肚子上厕所等逃脱。假如发现异常后立即"提出"下车，则会当即遭到对方的严密控制。

（7）尤其是青年女子，一人外出探亲访友、寻找工作时，不要轻信街头陌生人的"热情"，听信他们的说辞，防止落入其预设的圈套，遭遇绑架、拐卖、强奸等犯罪侵害。

（8）一个人在饭店、大排档等场所吃饭、休息时须小心谨慎，离身饮料忌再饮，防止被人投放麻醉药物。

（9）出行乘车时要选择公共汽车或者正规出租车，不要为了图省钱或者图方便，随便乘坐"黑车"或搭乘陌生人的便车，给犯罪分子以可乘之机。

（10）外出时应注意是否被人跟踪。被人跟踪时，可到人多的场所摆脱，或向就近的公安机关报案。

李某、赵某等四人因嗜赌输掉了巨款。经密谋，他们把绑架目标锁定为赵某认识的一名女领班，并准备了作案工具。这天下午3时许，他们堵住了女领班，假称自己是民警，对其进行了绑架。破案后作案成员交代，绑架前他们曾苦苦跟踪女领班18个小时，而对方竟浑然不知，如此疏忽大意让人吃惊。

（11）平时要注意交友和人际关系的处理，处理好邻里关系、债务纠纷，避免矛盾激化；同时，要遵纪守法，避免"暴力竞争"，预防因赌博欠债、"黑吃黑"等衍生的绑架案。

（12）在常用的通信工具上设置紧急呼救号码和按键及自动报警语音，与家人之间定制突发事件和紧急情况沟通密语或隐语，以备意外情况下使用。

（13）遭绑架后应保持冷静与警觉，坚持求生的信念，做好逃脱的准备。

①在被绑架初期脱身的机会相对较多，这时可以设法观察周围环境，看看有否可利用引起外界注意的条件，趁绑匪不注意时，伺机留下求救信号，如眼神、手势、私人物品、字条等，以引起外界注意；如果时机成熟，在具有相当把握的情况下，伺机逃脱。

②在被绑架劫持的过程中，如有可能，尽量记住沿途的地名、路名，以便以后有机会可以利用。

③到了关押地后，当被绑匪殴打虐待时，要学会自我保护，表面上佯装软弱、害怕或已经被制服，以减少其戒心。避免反抗，与绑匪发生正面冲突，刺激绑匪。记住，与逃脱无益的任何反抗都是没有意义的，你的一切目的就是尽可能地保护自己，把伤害降低到最低限度。无论绑匪多么凶残，你的内心一定要坚强，这样你才能保持清醒，机智地与绑匪周旋，寻找自救的机会。

④主动与押解、看守你的绑匪闲聊，发现他们的个性弱点，采用适当的方式主动攻心，分化瓦解；掌握值班换班的规律，为以后寻找脱身的机会做好准备；如有可能，观察周围环境，看有否可利用的脱身条件，一旦时机成熟，勇敢机智地脱离险境。

⑤应佯装听不懂绑匪交谈时所使用的方言。

⑥尽量进食与活动，维持良好体能。

⑦记住绑匪的容貌、口音、相互间称呼、交通工具及周围环境特征（如特殊声音、气味等），以及与绑匪有关的其他一切线索。

⑧在警察进行解救发起攻击的瞬间，尽可能趴在地上。

 自我管理箴言

机智勇敢是遭遇绑架时的最好心理状态，对方的一切弱点和你的一切机会都将由此而来。但我们更希望，绑架的危险不会降临在我们身上。

公交车上防偷攻略

小魏出门上了一辆公交车，站在离车门最近的单座旁，那个单座上坐着一个女孩，背包背在身后靠着椅背。

不一会儿，过来一名身背挎包打扮斯文的青年男子，当时人不算挤，但让小魏奇怪的是，男子在那个背包女孩后面，不停往前靠。小魏起初以为他是色狼，正在想怎么提醒那个女孩的时候，忽然看到一只手，随着车子晃动慢慢地拉开了女孩的背包拉链，而钱包就在最上面。小魏一下子心跳加速，该怎么办？她朝着小偷瞪了两下，小偷也看了看她，若无其事。"哎呀，你也在这里啊！"头上快冒出汗来的小魏灵机一动，热情地跟那个陌生女孩说起话来。小偷呆了一下，那女孩也吓一跳。小魏很亲热地俯过头去，说"有人偷你包呢"。女孩子立刻将包收到胸前。那小偷到了下一站就慌忙下了车。针对公交车上可能发生的偷窃行为，青少年应注意以下方面：

1. 把握三个环节

一是上车前。应将现金等贵重物品分放在贴身衣服的口袋中，而不是放在外裤后袋和西服下部口袋里；带包乘车，不将现金或贵重物品置于包的底部和边缘，以防扒手割包后轻易得手。

在车站，扒手往往站在乘客身后，眼睛总是贼溜溜地盯着乘客及其鼓凸的

小心扒手

口袋和背包、拎包，搜寻下手目标。因此，乘客在候车时一定要注意不要在车站清点钞票和贵重物品。

上车前要系好衣扣，拉好拉链，并备好零钱，防止买票时掏出大额现金，暴露"财力"和放钱的部位。

二是上下车时。扒手往往利用乘客上、下车拥挤之时，在车门附近进行扒窃。扒窃团伙盯上目标后，有的扒手在车门口或通道中阻挡目标上、下车或行进，有的扒手则从后推挤碰撞，故意制造拥挤场面，以引开事主注意力而伺机下手。因此，上下车时应自觉遵守秩序，听从司乘人员的疏导，切忌硬冲硬挤。尽量用手护住放钱的口袋，背包、拎包可揽在自己胸前、腹部或夹在腋下，同时拉好拉链、扣好搭扣。尽量不将包背放在身体的左、右两侧和后背上，不在双肩背包内放置现金及贵重物品，防止割包、掏包，甚至被扒手趁乱剪断背带后将包盗走。

三是上车后。要尽量避开车门和通道位置，往乘客较少的中间部位移动。因为车门和通道是扒手作案的重点区域，此处便于扒手得手后迅速逃跑。

"挤"是扒手试探乘客警惕性的招法，当你感到有人无故挤靠自己或包被触及时应立即查看。

对那些手搭衣服、拿报纸或弯曲着胳膊伸过来挡住你视线的人要格外小心。因为扒手大都在上边遮挡，下边动手行窃。"挡"也是扒手重要的"试应手"之一。

对系鞋带、拾东西的人也要留神，防止扒手伸手掏摸衣服内兜。

没有座位时，不要为保持身体平衡而用双手去抓握扶手，防止包、兜失去照应而成为袭击目标。

与人面对面站着时，要注意腰间别放的手机等物，防止扒手趁刹车、转弯、颠簸、拥挤之机摘取。

有些售票员和老乘客往往对一些线路上的"扒情"比较熟悉，当他们请你往里走或"让一下"时，也许就是在提醒你注意扒手，你应该立即调换位置并注意自己的财物。

避免打盹儿、睡觉或长时间聊天、看书、看风景。

发现丢失财物时，应注意身边急于离开或急于下车的人员，及时通知司乘人员暂缓打开车门，或将车开往附近的公安机关，同时在车厢内查找，因为扒手为防罪行败露，有时会在失主的叫喊声中丢弃赃物。

2. 守住重点部位

公交车辆上，扒手作案的手段主要有掏兜、掏包、割包及拎包等几种，易于下手的部位有裤子后兜、侧兜，上衣的下兜及女士的背包等。在上车前、上下车、上车后等三个环节都要将注意力集中在自己携带的物品和放钱的部位上，不要只顾与旁人聊天或观望窗外景色、关注停车站而放松警惕。同时要"内紧外松"，含而不露。否则，由于怕身上的钱物丢失，不停地摸、看，结果反而成了"此地无银三百两"。

自我管理箴言

当你在车上发现扒手行窃，在不便正面较量的情况下，可智取为上，通过"打草惊蛇"、善意提醒等方式帮助正在遭受不法侵害的乘客；也可偷偷打开手机摄像头，拍下扒手的作案过程，并在第一时间向警方提供。

安全知识小课堂

识别身边的骗子

当今社会，人的类型多种多样，骗子绝不会在自己脸上写上"骗子"二字。当然，人不是生下来就是骗子，多是在后天环境中培养出了骗人的"才能"。有效防止被骗的关键就是认清哪些人有可能玩弄骗术，制造骗局。由于人是骗术的设计者，又是骗局的执行者，所以，防骗的第一步是认清那些可能设置骗局的人，这样才能有的放矢，提高警惕，防止受骗。如果遇到下面这些人有可能就是"危险人物"：

1. 吹嘘自己的人

人们都是想要表现自己、想要赢得他人尊重的，所以自然有些人就走上了吹嘘的道路。他们总是担心别人不知道他们有多么"厉害"，所以经常自吹自擂。有些人吹嘘自己神通广大，结果别人求他办事却办不成，不仅招来了"不肯帮忙""看不起人"等抱怨，而且自己也十分苦恼。还有冒充"大款"的人，为了面子上过得去，花钱大手大脚，搞得债台高筑，父母骂他不孝，朋友说他欠债不还，极个别的甚至为此而走上了偷盗、抢劫的邪路。具有过分虚荣心的人，总是从某种个人动机出发，追求一种暂时的、表面的效果，甚至弄虚作假，欺诈行骗。

2. 身份来历不明的人

当有人问起他的职业、身份、住址、他的过去等情况时，他对此一律闭口不谈，还有一大堆不愿回答希望保密的理由。尤其是他对自己目前靠什么手段、方法赚取生活费等，也说不清楚。这样的人就很危险了，最好快快远离他。

3. 轻诺而寡信的人

这种说话不算数、轻易向人许诺的人，经常逢人就说："你有什么困难，尽管提出来，我一定帮你的。"等你真的需要他帮助时，他就音讯全无。这种人一开始就没有替你办事的真心，所以，你一定不要轻信他们的话。否则，你将受到意想不到的伤害。

4. "变色龙"

这类人是立场不稳、见风使舵的人。也许刚才他还在历数人家的缺点，把人贬得一文不值，甚至恨之入骨，转眼间，对人的态度来了180度大转弯，非常善变。这种"突变型"人物，不值得信赖。

5. 向你承诺一夜暴富的人

现在，很多人做着一夜暴富的美梦。于是，有些人便打着"迅速致富"的幌子，巧设骗局，诱人上当。

6. 毫无廉耻之心的人

人，都有自尊心，大都爱面子。而有一些人，急需钱时，不择手段，偷盗、抢劫等什么都干得出来，毫不知耻。面对这类人，你可要小心了。

第八章 灾害避险——自然灾害常见避险知识

自然灾害是人类依赖的自然界中所发生的异常现象，自然灾害对人类社会所造成的危害往往是触目惊心的。我们可以看到自然灾害对我们的生活和生命造成了严重的威胁。因此，为了减少和避免自然灾害造成不必要的损失和伤害，我们每个人都要掌握一些防范自然灾害的知识。

突发地震怎样避险

地震具有突然性和不可预测性的特点，一旦发生，不仅会对人类造成严重的危害和损失，而且还会引发一系列的次生灾害，从而使灾害的范围进一步扩大。虽然地震的发生不是人力能够阻止的，不过我们可以采用一些十分有效的措施，将地震所引起的危害和损失尽可能降到最低。因此，青少年务必要了解一些关于地震的逃生知识，这是很有用的。

1. **室内防震措施**

学生们一定要谨记听从学校管理人员的指挥，不要自作主张地乱跑，对

地震灾害

于自救，也一定要懂得一些要领。

（1）在学校，遇到地震时不要大呼小叫、惊慌失措，一定要服从老师们的指挥。

（2）快速躲到教室内、楼道内的三角区，然后抱头蹲好，最好把眼睛也闭上，以防在地震时各种颗粒掉进眼睛里。

（3）千万不能着急往教室外面跑。

学校的领导与教师们都必须保持冷静，在抉择上必须果断。在平时教学时要结合各种教学活动，以各种方式向学生们讲述如何避震的知识。在震前一定要安排好学生们撤离的路线和场地，这样在地震时便可以有效地指挥学生，做到有秩序地撤离。如果是在非常坚固、相对比较安全的房间里，则可以暂时躲避在课桌下、讲台旁，而教学楼内部的学生则可以迅速躲到开口小、有管道支撑的房间里，一定不要到处乱跑，更不能跳楼。

躲避时还要注意很多事项，每个学生都应该掌握。在避震时，先要尽快找到相对坚固的物体，可以做支撑、做掩体的地方，然后躲在由它们构成的安全三角区内，如墙角、管道旁、柱子下等，双手此时要抱好头，当感觉地震结束后（也就是房屋不再摇晃后），要立即抱头弯腰跑到开阔地带，跑出去后一定不要再回到楼房内。

倘若地震后你被埋在建筑物里面，就要先想方设法把压在腹部以上的物体慢慢清除，一定要缓慢，不能动作太大，否则很容易造成二次伤害。在躲避时最好用毛巾（如果没有毛巾可以用衣服或者围脖等）捂住口鼻，防止烟尘，因为烟尘过多会让人产生窒息。在被压的这段时间里要注意保存好体力，仔细想想能不能找到食物和水，为自己的生存创造条件，尽量让自己安静下来等待救援。

在楼层较低的教室里的学生（1~2层），情况危急时可以考虑跳楼，以此来增加生存的概率。防震知识必须在中、小学里得到普及，作为学生的你也一定要有认真去学习的意识，好好配合学校组织的各种防震演习。

2. **室外防震措施**

纵使身处室外，地震发生时也还是有危险的，尤其是较大地震时，室外避震必须掌握一些基本的自救原则，并且针对室外各种不同的场合，所采取

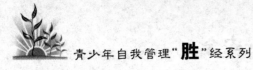

的措施也是有区别的。

(1)在操场怎样避震?在室外操场时,可原地不动蹲下,双手保护头部。注意避开高大建筑物或高悬的危险物。

(2)在街道上怎样避震?室外人员要选择空旷地带避难。不要在高楼、烟囱、高压电线、狭窄巷道、桥梁、高架路下等高大或易倒塌的建筑物等处停留;尽量远离加油站、煤气储气罐等有毒、有害、易燃、易爆的场所。避震转移时,要注意保护身体重要部位,例如用枕头、面盆、书包哪怕是用双手保护住自己的头部,以免被坠落物砸伤。就地选择开阔地蹲下或趴下,不要乱跑,不要随便返回室内,避开人多的地方;要避开高大建筑物,如:楼房、高大烟囱、水塔下,避开立交桥、过街桥等结构复杂的构筑物。

(3)停车场如何避震?如果在停车场,最好伏在车内不要出来,因为室外停车场,大部分都在高楼的旁边,而高楼旁边是最容易掉落坠落物的地方,而车厢顶部邻临近建筑物因地震而震落的坠落物多少有遮挡作用,起到保护车内人的作用。强烈地震时,会造成车辆滑动、引起车辆之间相互碰撞,如这时人在车外,极易受到挤压伤害,因此,在车里更安全些。等地震过后再下车转移到安全的地方。

(4)在开阔地怎样避震?地震时,在开阔地是较为安全的地方,但要注意躲开密集人群,就地卧倒或蹲下。

(5)在野外怎样避震?当地震时正在山区,有可能遭遇到山崩、滑坡、泥石流。若山体为岩石,有可能产生山崩和滚石,此时躲避要沿着与岩石滚动相垂直的方向跑,切不可顺着滚石方向往山下跑;也可躲在结实的障碍物下,或蹲在地沟、坎下。特别要保护好头部。若山体为沙土,则易发生滑坡,此时应尽量躲开山体陡峭或沟谷之处,向地势平缓处转移。

(6)在海边怎样避震?在海洋或海岸附近发生的地震有可能引起海啸,因此,当感觉到地震时;当发现不符合正常潮水涨落规律,海水突然退潮或涨潮时;当发现远处的海水形成墙一般的涌浪朝海岸方向运动时;当发现海水发生不明原因的浑浊现象时,在海滨的人要尽快向远离海岸线的高处转移,以避免地震可能产生的海啸的袭击。

(7)在水边如何避震?如地震时在河边,赶紧向地势较高的安全地方转移，以防地震造成上游水库溃坝形成洪水。如在湖边或水库等大面积水域附近，要迅速转移、远离水边。因为地震或地震后的山崩滑坡有可能造成水体涌动形成大的涌浪而对水边的人造成威胁。

自我管理箴言

　　对于各种避震知识，我们应该做到从各个方面出发，充分了解。首先我们应该了解什么是地震，并可以利用班级板报来宣传地震与避震的知识，不要等到地震真的来了却不知怎样应对，那就麻烦了。

电闪雷鸣防触电

　　雷电在造福人类（产生臭氧、增加氮肥、清新空气）的同时，也带来了雷电灾害。雷电灾害总是损害人类的利益，威胁人类的生存，无情地毁坏人类的生存环境，贪婪地吞噬着人们的生命财产，是人类生存和社会发展的大敌。

1. 室外防雷措施

　　在郊外旷野里，如果你与周围物体相比，是最高点，也就是你将处于尖端的位置，最容易遭到雷击。所以，当野外发生雷电交加现象时，不要站在高处，也不要在开阔地带骑车和骑马奔跑，更不要撑着雨伞，拿着铁锹和锄头，或任何金属杆等物，以免直接遭到雷电的袭击。要找一块地势低的地方，站在干燥的，最好是有绝缘功能的物体上，蹲下且两脚并拢，使两腿之间不会产生电位差。

　　为了防止接触电压的影响，在室外你千万不要接触任何金属的东西，像电线、钢管、铁轨等导电的物体。身上最好也不要带金属物件，因为这也会感应到雷电，灼伤人的皮肤。

另外，在雷雨中也不要几个人挨在一起或牵着手跑，相互之间要保持一定的距离，这也是避免在遭受直接雷击后，传导给他人的重要措施。

当你在野外高山活动时，遇到雷雨天气是非常危险的。在大岩石、悬崖下和山洞口躲避，会遭到雷电流产生的电火花的袭击。最好是躲在山洞的里面，并且尽量躲到山洞深处，两脚并拢，身体远离洞壁，并把身上带金属的物件，如手表、戒指、耳环、项链等物品摘下来，放在一边，金属工具也要离开身体。

在雷雨天气时，千万不要到江河湖塘等水面附近去活动。因为水体的导电性能好，人在水中和水边被雷电击死、击伤事故发生的概率特别高。所以在雷电发生时，要尽快上岸躲避，并且要远离水面。

2. 室内防雷措施

雷电来临时，躲到室内比较安全，但这也只是相对室外而言。在室内除了会遭受直击雷电侵袭外，雷击电磁脉冲也会通过引入室内的电源线、信号

电闪雷鸣的夜晚

线、无线天线通道进入室内。所以，在室内如果不注意采取措施，也可能遭受雷电的袭击。下面就来介绍几种室内防止雷电灾害的措施。

发生雷雨时，一定要及时关闭好门窗，防止直接雷击和球形雷的入侵。同时还要尽量远离门窗、阳台和外墙壁，否则一旦雷击房屋，你可能会遭受接触电压和旁侧闪击的伤害，成为雷电电流的泄放通道。

在室内不要靠近，更不要触摸任何金属管线，包括水管、暖气管、煤气管等。特别要提醒在雷雨天气不要洗澡，尤其是不要使用太阳能热水器洗澡。

室内随意拉一些铁丝等金属线，也是非常危险的。在一些雷击灾害调查中，许多人员伤亡事件都是由于在上述情况下，受到接触电压和旁侧闪击造成的。

在房间里不要使用任何家用电器，包括电视、电脑、电话、电冰箱、洗衣机、微波炉等。这些电器除了都有电源线外，电视机还会有由天线引入的馈线，电脑和电话还会有信号线雷击电磁脉冲产生的过电压，会通过电源线、天线的馈线和信号线将设备烧毁，有的还会酿成火灾，人若接触或靠近设备也会被击伤、烧伤。最好的办法是不要使用这些电器，拔掉所有的电源线和信号线。

要保持室内地面的干燥，以及各种电器和金属管线的良好接地。如果室内的地板或电气线路潮湿，就有可能会发生雷电电流的漏电伤及人员。室内的金属管线接地不好，接地电阻很大，雷电电流不能很通畅地泄放到大地，就会击穿空气的间隙，向人体放电，造成人员伤亡。

自我管理箴言

世界上的任何地方都会有雷电的活动，因此可以说雷电是无法避免的自然灾害之一。为了减少雷电带给我们的损害，同学们有必要对雷电进行正确的认识，同时了解预防雷击的相关方法。

暴雪天如何安全出行

　　虽然下雪天气给我们带来了一场别有韵味的视觉体验，但是飞雪太大，也会给我们的出行和生活带来不便。由于大雪过后道路结冰、路滑等原因，人们出行及生活都受到了很大的影响，所以我们外出时一定要注意安全。为了避免发生意外，一定要注意天气变化。在遭遇冰冻、雨雪等天气时，一定

暴雪天气不宜出行

要加强防寒保暖措施，及时添加保暖衣物；如果在雨雪天气出行，要提高交通安全意识，注意安全防范。

青少年在飞雪飘舞、银装素裹的大雪天气里，是否会约上三五个好朋友打雪仗、堆雪人，给这个寒冷的冬季带来一丝生机与活力？在你们开心嬉闹的时候，是否会忽略一些安全事项？

1. 谨防摔倒

雨雪天气导致路面湿滑，难以行走。因此建议青少年不要骑电动车或者自行车，出行时可以选择步行或者是公共交通。

2. 小心防滑

为防止意外跌倒，应避免在湿滑的路面行走，一定要注意出行安全。应尽量避免在有浮冰和积水的路面行走，踩着厚厚的积雪行走，可以起到一定的防滑作用。

3. 注意防砸

如果降雪量很大，在行走中应尽量避免在树木或者是高大建筑物下行走，以防树木承受不住积雪的压力被压倒或者是建筑物的坍塌，致使行人被砸伤。

4. 谨慎防偷

由于大雪天气很多人都选择了相对安全的公共交通，如地铁、公共汽车等，致使交通压力剧增，这也为很多不法分子提供了作案的时机。因此，在上车时应注意防范，做出相应的保护措施，可以把装有相关财物的背包或者手提包拎在手中或是抱在胸前。不要把钱财等相关重要的物品放在外套口袋或者是裤兜里。如果遇到故意拥挤的人，要提高警惕，如发现异常情况时，应该通知乘务员或者司机并报警。

5. 留神防撞

由于路面湿滑、结冰等原因，尽管很多驾驶员在开车时都非常小心，但是一些车辆在遇到光滑的路面时根本不能控制，于是会发生一些交通事故。所以，当我们在路上行走时，一定要遵守交通规则，尽量在远离车辆的地方行走，以保证自己的安全。

6. 避免被磕

由于大雪翩然而至，把大地装饰得一片苍茫，我们看不清道路上的许多障碍物。我们在行走中一定要十分小心，躲避在大雪下边的低洼、井盖或是一些尖锐的石头、钉子等，以免被碰伤。

掌握一些雪天出门的行走技巧，可以使安全得到保障。要注意走路的姿势，不要双手插在口袋里，以防摔倒后头部或肘部关节着地。

如果突然摔倒，一定不要马上爬起来，应该先缓慢活动四肢，确定伤势不重再慢慢爬起。尽量避免用手腕支撑地面，以防造成手臂骨折，应该有意识地增加受力面积，使整个身子的侧面着地。

如果摔伤严重切记不要乱动，尽量保持不动，请周围的人协助拨打120电话求救。

自我管理箴言

　　特大降雪不仅会给相关交通运输带来严重的影响，而且还会造成高速公路封路，公交车、长途客车停运，轮船封航，旅客滞留，物资运输严重受阻等。面对自然灾害，面对雪灾，人们是不是只能够听天由命呢？事实上并非如此。经过对大量雪灾进行调查，结果显示，在雪灾来临时，倘若可以采取正确的预防、逃生和自救措施，那么活下来的希望就会大大提高。所以，掌握雪灾知识是我们生命的安全保证。

 雪崩来临时怎么办

　　千百年来，雪的美丽让人心醉不已。每年冬天，大雪如期而至，给庄稼穿上厚厚的棉衣，不仅预示着来年的丰收，还给大地换上了美丽的银装，让世界变得更加美丽。但是，如果发生持续降雪的现象，大地就会被封冻，积雪崩落就会给生灵带来危害。

1. 遭遇雪崩时应采取的自救措施

如果遭遇雪崩，首先一定要冷静。根据当时当地的实际情况，采取有效的自救措施，具体方法如下：

雪崩会产生类似爆炸的气浪，有很大的伤害力。如果有气浪卷起的雪尘袭来时，应该背向雪崩气浪，双手捂住口鼻，向下卧倒。

假如雪崩发生在脚下或脚边上方的山坡，这时为了防止被雪撞倒，可以迅速地借助树枝或原地腾空跳起。雪崩不是很大的话，就可以安全落回原地。

如果雪崩以较慢的速度从山坡上方袭来，需要一段时间才会赶到，可以利用这个时间差，马上就近逃出雪崩可能波及的范围。

在周围寻找陡崖、树木和灌木丛等物体，寻求庇护。如果周围没有这些

雪崩景象

物体，就跑向雪崩路径较近的一侧边缘，尽量远离中心地带。位于雪崩路径同一横剖面不同位置的遇难者，受到的雪崩伤害是不一样的。在雪崩路径两侧的人比位于中心线上的被埋概率要小得多。

如果已经来不及逃脱雪崩，要果断地将身上的背包、滑雪板、滑雪杖等笨重物体抛弃，以防止摔倒时手脚受到束缚。身体前倾摔倒，也可以减少从雪中挣脱出来的阻力。

如果雪崩来势不是很凶猛，还有一定的缓和空间，则应利用一切能够利用的机会想办法增加留在雪面的机会。一般情况下，滑雪者可以利用铁锹、冰镐、雪杖和滑杆等撑住身体。只要没有被雪崩的前锋扑倒，即使被锋后积雪绊倒，也能增加留在雪面的机会。

2. 被卷入雪崩如何自救

如果不慎被卷入雪崩，马上闭紧嘴巴，使劲摆动身体，尽量使身体能留在雪层表面，然后爬向雪崩路径边缘。

如果雪崩的雪块很大，可以爬上较大的向下崩塌的雪块，这样可以增加生存概率。

在向下崩塌过程中，为防止雪尘呛进呼吸系统，遇险者应该捂住口鼻。即使被埋在雪下，只要这样做，呼吸道也不会呛入积雪粉尘，造成窒息。

当感觉到雪崩运动停止后，想办法从雪下挣脱出来。即使不能逃脱出来，也要保持镇静，否则会消耗减少氧气，一定要尽可能地延长生存时间，为营救创造条件。

3. 目击者应采取的救助措施

没有卷入雪崩的幸存者或者事故的目击者，应马上采取妥善的援救措施。

首先，要进行迅速、大致的搜索。在自己避灾的同时，也要用心记住同伴被埋藏的大致位置，最好能够标出遇险者卷入雪崩和被埋的地点，或者记住临近某些固定物的位置。

其次，如果不能确切地知道遇难者的被埋方位，必须马上组织救援，利用现有条件进行搜索。

如果雪堆很大，一时间没有办法破雪而出，那么，也应该尽可能地将呼吸空间制造得更大一些，如双手抱住头部。同时，也要确定自己是不是倒置的，确认的最好办法就是让口水流出来，看唾液是否流向鼻子，如果是，就表示身体倒置了，那么就要迅速地将上方的雪破开，自我救助。

谨防沙尘暴的袭击

沙尘暴天气是我国西北地区和华北北部地区出现的强灾害性天气，可造成房屋倒塌、交通供电受阻或中断、火灾、人畜伤亡等，污染自然环境，破坏作物生长，给国民经济建设和人民生命财产安全造成严重的损失和极大的危害。对于青少年来说掌握一定的安全措施是很必要的。

1. 在家中如何防护沙尘暴

创造一个良好的家庭环境，在家中筑起一道防沙尘暴的防线。将门窗关好，接着再用胶带封好门窗的缝隙；从外面回到家里以后，先把身上的灰尘抖落掉，并及时擦拭落下的灰尘。尽可能待在家里，不要外出。当房间里的能见度低的时候，一定要及时照明，防止发生碰撞。准备好风镜、口罩等防尘物品，以备不时之需。需要注意的是，一定不能无动于衷，不做任何防范措施。外出时沙尘会对人体带来很大的危害，所以在外出时要更加注意防范。在准备外出时，戴好防护口罩及眼镜，或在面部罩上纱巾，再系好袖口和衣领。在马路上行走时一定要认真观察交通情况。在能见度低的时候，骑车人一定要下车推行。远离危墙、危房、高大树木、广告牌匾及护栏，尽可能远离各类施工工地。需要注意的是，避免发生由于能见度低而造成的各种事故。另外，选择眼镜时不宜选择深色的墨镜。

2. **沙尘暴迷眼怎么办**

在沙尘暴天气里，沙尘迷住双眼很正常，但是不要用手揉，可以用以下方法清理被沙尘迷住的眼睛：

轻轻向上提起眼皮，再拉几下，用清水或眼泪冲洗。转动眼球，之后再睁开眼睛，通常可以排出眼中的异物。

先闭上眼睛休息一会儿，等到眼泪大量分泌夺眶而出的时候，再慢慢睁开自己的眼睛，眨几下。通常眼泪就可以将眼中的沙尘冲出来。

翻开上眼皮，在翻眼皮的时候，眼睛要向下看，施救者用食指和拇指将上眼皮捏住，再稍微向前牵拉，拇指向上翻，食指轻压，找出异物，用湿手绢或湿棉花蘸出异物。在擦拭眼球的时候一定不能用干布，否则会将角膜擦伤。有的时候在照明灯或手电的帮助下才能找到异物。

请别人帮忙撑开自己的患眼，直接用生理盐水或清水冲洗眼睛。

沙尘暴突袭

若是上面所讲的几种方法都起不到作用，可能是异物扎入了眼组织。这时一定要马上去医院眼科就诊，请医生取出自己眼中的异物。

取出眼内的异物之后，可以用生理盐水或凉开水冲洗眼睛，并涂点眼药膏或滴入适量眼药水，以免引起感染。

3. 风沙天注意事项

避开风沙锻炼：众所周知，锻炼身体好处特别多，不仅可以增加机体抵抗力，避免受凉感冒，而且可以有效地预防呼吸道疾病复发。但是如果遇到风沙天气就不要到室外去锻炼了，因为危害太大了，可以适当在室内锻炼。

外出注意挡沙尘：口罩的主要功能是为了防止外界有害气体吸入呼吸道。戴口罩可以有效地防止多种身体不适，如口鼻干燥、喉痒、痰多等。

多喝水多吃水果：在沙尘干燥天气中，人体会出现很多不适症状，如唇裂、咽喉干痒……因此，此时人应该多喝水、喝粥、吃水果……凡是能补充人体水分的有益方法都可以尝试。

及时清洁灰尘：风沙天气从外边进家后，可以用清水漱漱口，清理一下鼻腔，减轻感染的概率，有条件的应该洗个澡，及时更换衣服，保持身体洁净舒适。

自我管理箴言

扬沙天气中要注意人身安全，应尽可能远离高大的建筑物，不要在广告牌下、树下行走或逗留。

突发海啸怎样避险

海啸是地球上强大自然力的终极表现，无法阻挡的毁灭者。当有海啸发生时，它产生的巨大的能量使波浪骤然升高，形成内含极大能量、高达十几

海啸时的惨状

米甚至数十米的"水墙"，冲上陆地后所向披靡，往往对生命和财产造成严重摧残。因此，海啸是威胁人类最严重的海洋灾害。

下面几种现象要小心：

1. 你正在海边度假，突然感觉脚下的地面开始抖动起来

如果你碰到下面几种情景出现，那么此时要做的第一件事就是赶快离开海岸，到较安全的高地避难。

（1）地面上下颠簸、抖动，显示发生地震。

（2）从海面传来轰隆隆的巨大声音。

（3）海湾里的船只突然间极为不稳，随海浪上下颠簸不停。

（4）收到海啸警报。没有感觉到震动也要立即离开，在没有解除海啸警报之前，切勿靠近海岸。

2. 全家人正在海滩上玩得尽兴，突然海水急速退潮，海底的礁石显露出来，人群拥过去，争相观看这海中奇景

请千万记住，如果海水以很快的速度大量退去，那就说明海啸马上就来了！据说，在泰国一次特大的海啸中，一个渔村的 181 名村民却全部生还。

原来，他们的祖辈留下了一条古训："如果海水退去的时候速度很快，那么海水再次出现时的速度和流量会和退去时完全一样。"正是这条古训，让他们迅速向山顶出发，保住了生命。

3. 你正在晒太阳，突然发现海滩上汩汩地泛起许多白泡

这是海啸前兆，一定要逃离。要知道，从海水上涨到海啸降临，有10分钟左右的间隔，一定要利用这段时间紧急逃离。一个真实的故事是，一名10岁的英国小女孩缇丽仅凭自己在课堂上学到的知识，在大海啸中挽救了几百人的生命。起初，在场的成年人对小女孩的预见都是半信半疑，但在小女孩的一再请求下，大家在几分钟内全部撤离沙滩。当这几百名游客刚跑到安全地带时，身后就传来了巨大的海浪声。"噢，上帝，海啸，海啸真的来了!"当天，这个海滩是普吉岛海岸线上唯一没有死伤的地点。

4. 你正在海边玩耍，突然发现海浪有些异常

在海啸来临之前，海面会变得亮白起来，很快就会形成一道明亮的水墙。海啸的排浪与通常的涨潮不同，海啸的排浪非常整齐，浪头很高，像一面墙一样，大家要注意区分。由于海啸能量的传播要作用于水，所以一个波与另一个波之间有一定距离，而这个距离，就为那些有知识的人留下了逃生的时间。所以，不管是看到异常还是海浪将至，一定要尽力逃离!

自我管理箴言

我们只能通过观察、预测来减少海啸所造成的损失，但还不能控制它的发生。海啸是如此强大的一股力量，我们在它强大的威力面前显得如此弱小。可是我们绝不能轻易认输，当海啸发生时，我们要凭借自己的机智采取一些应急措施，保护自己的性命。

旅游中遇到泥石流怎样安全避险

泥石流是指在山区或者其他沟谷深壑、地形险峻的地区，因为暴雨暴雪或其他自然灾害引发的山体滑坡并挟带有大量泥沙以及石块的特殊洪流。

夏天是旅游的高峰期，许多人都会选择夏天去自己向往的名山大川一饱眼福。可是，到了汛期，去山区旅游的游客经常会遇到泥石流或者山洪。所以在汛期出游一定要注意安全，以免造成不必要的损失。

夏天去往山区旅游时也许会遇到泥石流，李继就有过一次这样的经历。李继是一名6年级的学生，他最喜欢学的就是地理课。在书上李继了解到云

泥石流灾害现场

南是一个美丽的地方，他无数次幻想着去云南旅游。

为了让自己的这次旅游变得有意义，李继可是做足了功课，他从书上、网上找到了许多关于云南的资料。李继早就想好了旅游路线。可是在去往云南的路上，在经过虎跳峡时他们一家人遇到了泥石流，山上滚下来的石头砸到了李继的腿。李继的这次旅行没有继续进行下去，但是他说了，等腿好了他还会选择去云南的。

泥石流发生于山区沟谷中，通常会突然发生，浑浊的流体沿着陡峻的山沟奔腾咆哮而下，短短的时间就会把大量泥沙石块冲到沟外，在较为宽阔的堆积区横冲直撞，漫流堆积，往往会给人们的生命财产带来很大的危害。如果你在山区旅游时遇到了泥石流，可以采取以下防护措施：

在泥石流多发的季节旅游，尽可能不去泥石流多发的山区。

可以找当地的一名向导来当自己的导游。

在沟谷内游玩时，如果遇到了暴雨、大雨，不要在陡峻的山坡下或低洼的谷底停留、躲避。

野外扎营选择营址时，应该选择平整的高地，不要在沟底或山谷、有大量堆积物和滚石的山坡下扎营。

当受到泥石流袭击时，一定不能顺沟方向向下游或上游跑，应该向垂直于泥石流方向的两面山坡上爬，离开河谷、沟道地带，且不宜在低洼处停留。

受困的时候要尽快拨打119、110等报警求救电话。

一定不能在泥石流中横渡。

自我管理箴言

在外出旅游时有许多情况都是需要注意的。在前往山区沟谷旅游之前，你一定要了解一下目的地的天气情况，还要对当地近期天气情况和未来数日的地质灾害、气象预报及天气预报进行了解。游客尽可能不要在连续阴雨天或大雨天前往这些景区旅游。如果恰巧遇到恶劣天气，宁可调整旅游路线，蒙受经济损失，也不能贸然前往。

 # 遇到龙卷风怎样避险

风灾是世界上最严重的自然灾害之一，它包括台风、龙卷风和沙尘暴等。它给人们的生命财产带来巨大的威胁和损失。下面就介绍给读者最需要也最应该知道的技巧，以使读者做好最充分的准备，将风灾带来的损失减到最低。

1. 龙卷风的自救措施

龙卷风有跳跃性前行的特点，还有它一定的运动轨迹，过后会留下一条明显的狭窄破坏带，在破坏带旁边的物体即使近在咫尺也不受影响，所以遇到龙卷风时，不要慌乱，想办法观察龙卷风的运动轨迹，采取积极的措施躲避风灾，躲避的方向要与其运动路线成直角方向转移，躲在地面沟渠中或凹陷处，蹲下或平躺下来，用手遮住头部。

龙卷风在移行时，近地的漏斗状云柱上部往往向龙卷风前进方向倾斜，因此见到这种情况时，应迅速向龙卷风前进的相反方向或垂直方向回避，假如龙卷风从西南方向袭来，就向东北方向的房间或低洼地带躲避，最有效的措施是采取面壁抱头蹲下的姿势。躲避龙卷风最安全的位置是与龙卷风来向相反的方向，即东北方向较西南方向要安全得多，因为西南方向的内墙很容易向内塌。

龙卷风来袭

在龙卷风多发地带，各家庭平

时应掌握一些龙卷风的避灾知识，提前规划安全避险的撤退路线和场所，最好能够进行演习。

在家时，要牢牢关闭所有门窗。有人说打开一侧窗户，使房屋内外气压差相等，从而可以防止房屋倒塌，这种说法并无科学根据。龙卷风并不会乖乖地沿着你家两侧窗户的路线行进。

要防止房屋在风雨中倒塌，可以在所有门窗上安装玻璃防风棚，龙卷风的风速强大，所以即使是从门窗缝隙进入屋内也应该引起重视，做好防范措施。具体做法是：根据每扇窗户和每个玻璃门的现有长度，将长和宽都增加20厘米，即门和窗的每侧各增加10厘米，这样就可以用胶合制成防风棚。同时要加固门锁以保证能经受住猛烈的风暴袭击。

在家中避灾时远离门、窗和房屋的外围墙壁，最安全的是迅速躲到混凝土建筑的地下室或地窖中。如果没有地下室或地窖，应尽量往低处走，而不能待在楼房上面，要躲到与龙卷风方向相反的小房间或坚实牢固的家具下抱头蹲下，但不要待在重家具下面，防止砸伤。应尽可能用厚软的外衣或毛毯等将自己裹住，以防御可能四散飞来的碎片。相对来说，小房间和密室要比大房间安全。

不要匆忙逃出室外，尽量在屋内寻找安全地带。如果已经离开住宅，则一定要远离危险房屋和活动房屋，向垂直于龙卷风移动的方向撤离，藏在低洼地区或平伏于地面较低的地方，保护头部，同时注意水淹的可能。在电杆倾倒、房屋倒塌的情况下，必须及时切断电源，防止人体触电或引起火灾。如果待在屋外千万要注意不要被随风乱飞的杂物伤害或被卷向空中。

在野外遭遇龙卷风时，要快跑，但不要乱跑，应就近寻找与龙卷风路径相反或垂直的低洼区伏于地面抱头蹲下，远离大树、电线杆，以免被砸、被压或触电。

龙卷风过后，还要继续密切留心关于龙卷风的最新预报。因为龙卷风往往是接连而来的。

大风中多发生触电事故，主要由于大风刮倒的电线杆还有电流，或踩到被掩埋在树木下以及积水中的电线造成的。因此，大家在大风中外出行走时不要赤脚，最好是穿有绝缘材料鞋底的鞋子。在大风天气中行走时，要仔细观察地形、谨慎行路，以免踩到电线。一定要避免在电线杆、铁塔等电力设施附近走动，发现有垂落的电线要绕行。

2. 躲避龙卷风的地方

最安全的位置是躲在坚固的地下室或半地下室的掩蔽处。也可以选择防空洞、涵洞。

高楼最底层、底层走廊和地下部位，既不会被风卷走又不遭水淹，也不会被东西堵住，这些地方都适合躲避龙卷风。

在野外空旷处遇到龙卷风时，可选择沟渠、河床等低洼处卧倒或抱头蹲下。

不要到仓库、礼堂、临时建筑这类空旷、不安全的场所躲避，远离电线杆、危墙等可能对人造成伤害的地方。

3. 公共场所躲避龙卷风

在突发事件中，公共场所因为人群集中、建筑较多，所以往往都是重灾区。龙卷风到来时，在公共场所，遭遇龙卷风，应该如何避险呢？

服从风灾处理机构的统一部署，有组织、有效率地迅速完成安全转移。不要慌乱，避免挤踏现象出现，保证个人安全。

来不及逃离时，迅速向龙卷风前进的相反或垂直方向躲避，龙卷风是不会突然转向的。可以就近寻找低洼处伏于地面，最好用手抓紧小而不易移动的物体，如小树、灌木或深埋于地下的木桩。

在学校、工厂、医院或购物中心这类公共场所时，要到最接近地面的室内房间或大堂躲避。远离周围环境中有玻璃或有宽屋顶等易受伤害的地方。

远离户外广告牌、大树、电线杆、围墙、活动房屋、危房等较易倒塌的物体，避免被砸、被压。用手或衣物护好头部，以防被空中坠物击中。

在屋外若能够看到或听到龙卷风即将到来时，应避开它的路线，与其路线成直角方向转移，避于地面沟渠中或凹陷处。不要在龙卷风前进的东南方向迎风躲避，这样极易遭到伤害。

自我管理箴言

　　龙卷风到来时，应待在最坚固的庇护所里，如地下室、水泥屋。要远离窗户。不要待在车里或大棚里，因为它们会被龙卷风吸入空中。看准龙卷风到来的方向，朝风的垂直方向逃跑。如果你没有办法躲开，最好躲在沟渠中或地面低洼处，用手保护好头部。

山区旅游遇洪水怎么办

　　如果在山区旅游的时候遇到暴雨，山洪暴发的可能性很大，也很快，少则十几分钟，多则半小时。没有应对灾害常识的人总是在大雨过后，还滞留山区游玩，在河水、溪流中游泳，旅游车仍在危险地段行进，这是非常危险的，因为缺少避灾常识，通常灾难也是这样发生的。因此在山区旅游时，如果遇到暴雨，一定要提高警惕，马上寻找较高处避灾，注意观察，是否出现灾害前兆，并及时和外界取得联系，争取求得最佳救援。

　　到山区旅游应注意以下几点：

1. 提前预防

　　有山区旅游计划时，要先了解旅游目的地及经过路段是否属于山洪或泥石流多发区，要尽量避开这些可能存在危险的地区。山洪和泥石流等自然灾害的发生通常有一定

洪水灾害现场

季节特征，在多发季节内避免到这些地区旅游。在陌生的山区旅行，可以找个当地的向导，向导的经验可以帮你避开一些地质不稳定地区或灾害多发地区。要注意天气预报，凡有暴雨或山洪暴发的可能情况下，就要改变旅游计划，不可贸然出行。

2. 应急对策

在山间行走时候遇到洪水暴涨不要惊慌，不要掉头就跑，要先找高处躲避，并尽量从高处地方找路返回。山洪暴发，都有行洪道，不要顺行洪道方向逃生，要向行洪道两侧避开。洪水的暴发通常都携带夹裹着大量的泥沙和断裂的树木及岩石的残渣碎块，这些都是能置人于死地的。根据重力原因，洪水通常由高处向低洼地带急速流动，所以，一定要避开行洪道的方向，尤其是山脚下，否则会被冲下来的洪水淹没。

在不幸遭遇洪水时，盲目涉水过溪是非常危险的。如果不得不过，尽可能用最安全的方法，如先找寻河床上是否有坚固的桥梁，有桥的话，一定要从桥上通过。如果河上没有桥，又非涉水过河不可，就沿山涧行走寻找河岸较直、水流不急的河段尝试过河。千万不要以为最狭窄的地方直接距离最短最好通过。要找河面宽广的地方，因为河面宽的地方一般都是地势最浅的地方，较少遇到急流，相对安全得多。

如果会游泳，可以游泳过河，但是要向斜上方向游。估计体力不能游过河岸时，可尝试涉水过河。通常先由游泳技术好的人在腰上系上安全绳，另一头紧紧系在岸边粗壮的大树或固定的岩石上，并请同伴抓住，下水试探河水深度，河床是否结实。试探安全时，游到对岸，将绳子系牢在树上或其他坚固物体上，其他人就可以依靠绳子过河。

如果你正在瀑布或岩石上，也不要紧张，在涉水之前，要先观察选择一个最好的着陆点，用木棍或竹竿先试探一下是否坚固平整，起步之前还要扶稳木棍，防止水滑跌倒，尤其要注意的是，一定不要顺水流方向行进，必须选择逆水流方向前进。

临时找不到绳子的时候，就近找一些竹棍、木棒，可以用来试探水深以及河床情况，并且可以帮助平衡。行进时一定要注意前脚站稳了，再迈另一只脚，步幅不要太大。人数较多时候，可以三两个人互相搀扶着一起过河。

自我管理箴言

如果山洪暴发，河水猛涨，已经不能前进或返回，被困在山中时，尽量选择山内高处的平坦地方或高处的山洞，尽量避开行洪道的地方求救或休息。食物、火种以及必需用品一定要随身携带并保管好，有计划地节约取用，饮水的清洁也要注意，不要喝被污染的水和不干净的水（最好烧开或用漂白粉消毒）。

青少年灾后心理治疗

人的一生总会遭遇些意想不到的事情。如果是一场灾难，很有可能夺去自己亲人的生命。面对这种突如其来的打击，很多人都会感到难以承受，感到失去了生活的勇气，对发生的事情表示不可理解，甚至根本否认已经发生的悲剧。下面案例中的刘丽就是这种情况。

刘丽放学回到家，只见她家门口站着很多人。大家看到她，都不说话了。出什么事了？刘丽感到不对劲，她加快脚步，走进家门，看到爸爸躺在那里，妈妈在旁边哭泣……之后，刘丽什么也记不清了。每天吃饭，她还像以前一样，装三碗饭，拿三双筷子。然后，坐在桌边等爸爸回来吃饭。妈妈每次都哭着说，爸爸不回来了。她就是不吃，很认真地说，爸爸会回来的。后来，妈妈只好骗她，爸爸去打工了，先说在广州，又说在深圳。可是，刘丽都不信，她的心中有一块很大的阴影，不论是上学，还是在家，她都很难走出困境。

我们每个人都是相互依存的，特别是家人之间或者亲密朋友之间，这种

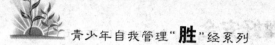

依存主要不是物质层面上的，而是心理方面的。所以，当与自己朝夕相伴的亲友突然遇到不幸，那种来自亲人的支持、爱护、关心突然之间消失了，自然会使我们不安、痛苦和沮丧。因此，遭遇不幸的人们出现很多情绪不佳、痛哭不止的现象是完全可以理解的。当然，这种状况不能长时间持续下去，那样会导致更严重的心理创伤，那么，应该怎样走出这种心理危机呢？

通俗地说就是人们受到极大的心理创伤，处在不安、焦虑、恐惧、心理失衡等状态，对自己经历的一切感到困惑，认为自己在做梦；过分地为受害者忧郁、悲伤；筋疲力尽、心力交瘁，由于身心极度疲劳、睡眠与休息不足等，并产生以胃痛、眩晕、紧张、呼吸困难、无法放松等为主要表现特征的"灾害综合征"。首当其冲的是灾难的直接人员，病症表现最严重的是灾难中的受害者。其次，亲历现场悲伤场面的记者和救灾人员等工作人员，他们心理紧张和过度劳累的状态，也会在一定程度上影响他们的心理健康。因此，自我心理调整就一定要学会，具体可从以下方面入手：

避免、调整或减少压力源：比如少接触那些能够刺激你或者是道听途说的信息。

降低紧张度：和有耐性的、安全的、关心你的亲友谈话，或者找心理专业人员协助。太过担心、紧张或失眠时，可以在医生的建议下用助眠药或者抗焦虑剂来帮眠，当然，这只是暂时使用，但是可以较快地起到安定的效果。

做紧急处理的预备：准备饮水、电池、逃生袋、逃生路线等。多一点准备就让自己多一份安心。

近期少给自己安排事务，一次处理一件事情就可以了。

不要孤立自己。要多和心理辅导团体的成员或者家人、邻居、亲戚、朋友、同事保持联系，和他们谈谈自己的感受。

规律饮食，多吃青菜、水果，规律作息，规律运动，照顾好身体。这段时间免疫力比较差，要小心感冒。

学习放松技巧，如打坐、打太极拳、练瑜伽、听音乐，或者练习肌肉放松。

减轻心理痛苦的简便方法如下：

1. 尝试面对你的痛苦

相信事实，这不是梦，灾难确实已经真实地发生了。

接受它，这是一个重大的可怕的事实，已经无法挽回了，必须接受现实。

找个能让你安心的人倾听你内心的伤痛。

沮丧和悲伤是正常的，有理由悲伤。

哭泣是减轻悲伤和痛苦的好办法。

2. 多留意自己的身心状况，如果累了，提醒自己休息，比平常要多睡会儿，尽可能多休息

让身体和心理放松，坚持多做一些身体运动。

如果有条件，可以和亲朋好友出去散散心。

3. 应对你的罪恶感

你可能常常这样想："如果我当初……""为什么我当初不……"自责过久是有害的，会严重影响你的健康。

4. 准备经历情绪的起伏

心灵康复之路并不平顺，情绪变化无常，起伏很大。想一想，你已经经历了多少次情绪考验，已经克服了哪些困难。

5. 接受你的家人、朋友、邻居的了解和关怀

静下心来好好想一想，最近这些日子，那些关怀过你的人，想想他们温暖的面孔。

尽量不要一个人独处，要多与那些关心你的人在一起聊天、交流。

6. 制定有规律的生活表

尽量制定一个规律的生活表，这样你会感觉到有所依靠，生活有平衡感。让工作、休息和娱乐活动交替进行。

7. 做些可以让你放松和快乐的事情

让你的生活充满有趣味的、有生命力的活动。

可以找一些小生命来陪伴你：爱唱歌的金丝雀，一只小猫或小狗，一株新的盆栽，各式各样的花、新鲜水果等。

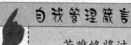

> 苦难终将过去，强者永远长存。灾难可以夺走我们的家园，可以夺走我们亲人的生命，但除非我们自己放弃，它永远无法夺走我们的希望，无法夺走我们的信心，也无法夺走我们对于明天的向往。

学习急救伤者

第一课：学习摸脉搏

脉搏是心脏搏动时把血液从心脏挤压到动脉而引起的动脉搏动。因此，脉搏与心脏搏动应该是一致的。也就是说，通过摸脉搏就能判断心脏的搏动情况。摸脉搏简单、易学，是急救时重要的判断指标。

正常人脉搏次数为每分钟 60~80 次，脉律是规则的、明显的，容易摸到。脉搏过快或过慢都属异常。脉搏过快说明心动过速，过慢说明心动过缓。脉律不规则，忽快忽慢或跳跳停停说明心律不齐。脉搏微弱，不易摸到，说明伤者已经休克，病情严重。摸不到脉搏跳动，说明伤者的心跳很可能已停止。

常用的摸脉搏的方法有两种：摸桡动脉。桡动脉在手腕掌面的大拇指侧，最容易摸到。摸桡动脉时可以感到手腕部有一根大筋（肌腱），在它的旁边、大拇指侧就是桡动脉。

方法：将伤者的手掌朝上，用你的食指、中指、环指指肚轻压在桡动脉上，感觉动脉的搏动情况。

摸颈动脉。一般情况下摸桡动脉就可以了，但当伤者休克时桡动脉搏动不明显，不容易摸到，这时就需要摸颈动脉。颈动脉在颈部的两侧，当人抬头的时候颈部两侧各有一大条隆起的肌肉，叫作胸锁乳突肌。这条肌肉的前缘深部就是颈动脉。颈动脉是人体的大动脉，搏动有力。

方法：将食指、中指、环指并拢放在胸锁乳突肌前缘，用三个手指肚向深部轻压，感觉颈动脉的搏动情况。

第二课：学习判断人的呼吸

呼吸是人的生命保证，人的呼吸一刻也不能停止，没有呼吸人就会死亡。正常人平静呼吸时自己没有感觉，也不会感到呼吸费力。人在呼吸时胸部和腹部会出现上下起伏。当发生急症时，需要判断伤者的呼吸是否存在、是否正常。呼吸过快或过慢都不正常，当呼吸停止时应立即抢救。

方法：观察伤者呼吸情况时，应让伤者仰卧，解开外衣衣扣，观察伤者的胸部和腹部有没有起伏动作。

如果有起伏动作，说明有呼吸。继续数一分钟，监测伤者每分钟呼吸多少次，同时看呼吸时是否费力。哮喘伤者和气管堵塞的伤者呼吸费力，呼气时间较长。

如果看不到伤者的胸部和腹部有起伏动作，说明其呼吸可能已停止。这时要将自己的一只耳朵贴近伤者的口、鼻部，仔细感觉是否有气流声。若能听到气流声，说明伤者有呼吸，只是呼吸弱；若听不到气流声，说明伤者已没有呼吸，须立即实施抢救。

第三课：怎样判断昏迷

昏迷是一种危重急症，脑血栓、脑出血、脑外伤、心肌梗死及中毒等情况下，伤者都有可能发生昏迷。昏迷时伤者意识消失，呼之不应，四肢瘫软，不会自主活动。

方法：判断昏迷时，先叫伤者姓名，或用手轻拍伤者的肩部，并问："你怎么啦？"伤者若没有反应，说明可能发生了昏迷。也可以用手指尖轻碰伤者的眼睫毛，正常人会眨眼，完全昏迷伤者无眨眼动作。还可用拇指指甲掐伤者的人中（上唇中央凹陷处），正常人会有躲避反应，完全昏迷的人没有躲避反应。

第四课：怎样叩击胸部

当伤者心跳停止时，及时用拳头叩击伤者胸部，能产生强大的震动，使停跳的心脏重新跳动，起到起死回生的作用。因此，胸部叩击是救命的一击。曾有一位伤者心跳突然停止，医生虽然对其进行了胸外按压，但其心跳仍没有恢复。这时，医生在伤者胸部叩击两下，伤者的心跳就立刻恢复了。所以，关键时刻伸出你的拳头，可能会使一个人重新获得生命。

方法：在确定伤者心跳停止后，救治者立刻将一只手平放在伤者胸部中间，另一只手握拳，用力叩击放在伤者胸部的手背两下，或用拳头直接叩击伤者的胸部，也可以用一只手的手掌用力拍击伤者的胸部。然后立刻摸脉搏。如果伤者有脉搏，说明抢救成功。如果仍然没有脉搏，要继续做胸外心脏按压。

值得注意的是，胸部叩击要及时，如果伤者心脏停止搏动时间较长再叩击则不易成功。叩击时要有一定的力度，用力过轻起不到作用，但也不要用力过大，以免损伤伤者胸部。